好妈妈必读系列

儿童行为管理

赵 欣 康英杰 编著

中国铁道出版社有限公司

CHINA RAILWAY PUBLISHING HOUSE CO., LTD.

图书在版编目（CIP）数据

儿童行为管理 / 赵欣，康英杰编著 . 北京：— 中国铁道
出版社有限公司，2021.10
ISBN 978-7-113-28062-8

Ⅰ.①儿⋯ Ⅱ.①赵⋯②康⋯ Ⅲ.①儿童－行为－管理
Ⅳ.① B844.1

中国版本图书馆 CIP 数据核字（2021）第 114631 号

书　　名：**儿童行为管理**
作　　者：赵　欣　康英杰

责任编辑：陈晓钟　　　　　读者热线：（010）51873697
封面设计：闽江文化
责任校对：安海燕
责任印制：赵星辰

出版发行：中国铁道出版社有限公司（100054，北京市西城区右安门西街 8 号）
印　　刷：三河市宏盛印务有限公司
版　　次：2021 年 10 月第 1 版　　2021 年 10 月第 1 次印刷
开　　本：880 mm×1 230 mm　1/32　印张：7　字数：143 千
书　　号：ISBN 978-7-113-28062-8
定　　价：52.00 元

序言

　　小豆丁和豆妈一起去逛超市。在买完东西要结账的时候，小豆丁突然看到了一把很好看的玩具枪，他便让豆妈买给他。

　　豆妈看着小豆丁说："宝贝，咱家不是有好多玩具枪了吗？这次我们先不买了，行不行？"豆妈一边说着，一边拉着小豆丁往收银台走。

　　可是，小豆丁的倔脾气突然上来了，任凭豆妈怎么拉都不肯动。

　　豆妈生气了，对小豆丁喊道："快走，爸爸就要下班了，我们还要回家做饭呢！"

　　这一喊，小豆丁委屈地坐在超市地上，号啕大哭，引来了很多围观的人。人们见小豆丁哭得这么厉害，七嘴八舌地开始劝豆妈，"哎呀，也不贵，就给孩子买了吧""对呀，别让孩子哭了""再哭坏了身体"……

　　在众口之下，豆妈有点难为情，只好把玩具枪拿下来给了小豆丁，然后拉着小豆丁不情愿地结了账。

几乎所有父母都见过或经历过豆妈这种场景。孩子总是任性、耍赖，动辄便哭闹不停，活脱脱就是家里的"小皇帝"或"小公主"，什么都要满足他的要求。面对如此让人头疼的"熊孩子"，很多家长都表示不知道该怎么办。

　　其实，孩子的行为并不是与生俱来的，它和声音、光线等外部刺激，以及心理压力、身体内部器官变化、激素分泌等内部刺激息息相关。比如孩子伸手抓取食物是因为他的胃部开始收缩，然后他产生了饿的感觉，进而开始寻找食物。

　　孩子的每一种行为背后都有它产生的原因。作为父母，我们要努力了解孩子行为产生的原因及背后的真正需求，这样才更能理解孩子的行为。

　　只有主动去了解孩子的想法，发自内心地关爱孩子，陪孩子一起面对困难，孩子才能在爱与被爱的体验中健康成长。

　　豆妈带着小豆丁回到家后，小豆丁依旧闷闷不乐。豆爸见此，用手拍了拍小豆丁的头，问道："宝贝，你怎么不开心啦？有什么不高兴的事情，可以和爸爸说说吗？"

　　小豆丁沉默了一会儿，然后气呼呼地把超市发生的事情说了一遍。

　　爸爸听了，摸着小豆丁的头说道："小豆丁一向都是乖巧的孩子，这次非要买这把玩具枪，肯定有你自己的原因，对不对？"

　　小豆丁眼圈红红的，抽泣地说："我只是……只是因为表妹上

次说她想要一把玩具枪，我就……我就想买一把新的玩具枪……给她，我没有……没有想惹妈妈生气。"

豆妈听完，把小豆丁揽入怀里，心疼地说："对不起，宝贝，是妈妈太着急回家做饭了，没有顾及你的感受。"

小豆丁在豆妈怀里哭了一会儿，等情绪平复后，他对豆妈豆爸说："我做得也不对，我应该及时向妈妈说明原因。妈妈，对不起。"

在大人们看来，事情有轻重缓急之分，我们不可能拥有所有自己想要的东西，有时候必须被迫放弃一些。但在孩子心里，他们并没有顾全大局的能力，很多时候往往以自己的感受为主，一旦自己的感受被忽略，就难免"无理取闹"。

孩子的"无理取闹"并不是家长所能左右得了的，孩子的情绪一旦爆发，就会产生一系列大人眼中"不可理喻"的行为。这时，家长要做的并不是一味地呵斥孩子，而是要用心去解读孩子的行为，并分析其产生的原因，找到正确的教育方法，用孩子可以接受的方式帮助孩子排解、控制情绪，逐渐改变不良行为。

本书正是从这一角度出发，针对孩子爱哭闹、打人、搞破坏、撒谎、无节制饮食、抢东西等常见的"坏行为"，仔细分析这些行为背后的心理成因，在此基础上逐一给出相应的解决方法，让家长可以轻松搞定家里的"小魔王"。

除此之外，本书在改变孩子不良行为的基础上，进一步阐述了如何让孩子学会诚实守信、勇敢乐观，如何培养孩子的时间管理意

识和合作意识等内容，以此帮助孩子养成良好的行为习惯。

最后，本书针对孩子成长过程中潜在的身心隐患，如抑郁、自闭、校园暴力等，仔细阐述了各种隐患的潜在表现，以便家长及时了解孩子身心状况，及时对孩子的不良情况进行干预，让孩子可以健康、快乐地成长。

作为父母，在孩子成长的道路上，我们不仅要做孩子的守护者，更要做孩子行为的"解读师"和"心灵导师"，用心解读孩子的每一个行为，在真正理解孩子的基础上与孩子共同去面对成长中的问题，这样才能帮助孩子更好地成长！

作　者

2021 年 7 月

目 录

第一章

行为认知：儿童行为知多少

从拿奶瓶到建造摩天大楼，行为习惯可以成就未来

在一次诺贝尔奖获得者的聚会上，其中一位获奖者对其他人说："我人生中最重要的东西都是在幼儿园学到的。在那里，我学会了把自己的东西分一半给其他小伙伴，不是自己的东西不要拿，东西要放整齐，做错了事情要表示歉意……"

美国心理学家威廉·詹姆士曾经说过："播种一个行为，收获一个习惯；播种一个习惯，收获一种性格；播种一种性格，收获一种命运。"良好的行为习惯是人生道路上前进的巨大力量，可以让孩子终身受益。

形成良好行为习惯的前提是读懂孩子行为背后的心理密码，了解孩子行为背后的内心世界。在分析行为之前，我们首先要了解行为是如何形成的。

　　小豆丁小的时候特别聪明，他饿了的时候就会拽拽妈妈的衣角，然后手指着厨房、冰箱或者水果盘。妈妈看到小豆丁的这些举动，便知道孩子饿了，就会拿一些东西给小豆丁吃。

　　很多人认为，人类的行为是与生俱来的一种本能，其实不然。人类的行为不仅与声音、光线等外部刺激有关，而且与存在的压力、产生的分泌、肌肉接受的刺激等内部刺激有很大关系。也就是说，行为是人类在内外两种刺激的作用下产生的。

比如孩子的胃部收缩表明孩子饿了，他就会伸手去抓取食物；孩子体温升高，即发烧了，孩子就会因为难受而哭泣。在这些内外部的有力刺激下，人类机体不得不做出的反应就是人类的行为。

由于内外部刺激的作用，人类的手、手臂、腿、躯干等身体部位就会不断活动，同时身体内部的反应器官也会产生各种反应。最有意思的是婴儿时期的行为是按照一定规律进行的，并且随着时间的推移，婴儿的行为会变得越来越有规则和秩序，最终形成我们所说的行为习惯。

对于行为习惯，简单来说就是人类为了进入一个相对舒服的状态必须形成的一些习惯。人类拥有一套组织来适应刺激。当刺激发生的时候，人们会采用一些行为让自己适应这种刺激，进而进入一种舒服的状态。

拿上面的例子来说，小豆丁饿了就会拽妈妈衣角，用手指向可能会有食物的地方，这一行为就是小豆丁形成的习惯。也可以说，如果孩子想进入一个相对舒服的状态，就必须要形成一些习惯。

那么，孩子的行为习惯到底是怎么形成的呢？心理学家曾经做过这样一个试验。

他将一个 4 个月大还在哺乳期的婴儿作为试验对象。一开始，把一个奶瓶放到孩子一伸手就能够到的地方。孩子看到奶瓶后开始"蠕动"自己的小身体，眼睛一直盯着奶瓶，嘴巴也在动，努力发出喊叫，但是没有用手尝试拿起奶瓶。

试验结束后，试验人员马上将奶瓶递给孩子。第二天，依旧重复前一天的过程。这时，孩子的动作幅度比前一天更加明显。如此反复试验，30 天后，试验人员把奶瓶放到孩子面前，孩子已经能用手抓住奶瓶并把奶瓶送到嘴里。

在试验过程中，孩子的身体动作一天比一天明显，直到孩子完全熟悉用手抓取奶瓶这一行为，并可以在看到奶瓶时顺利用手抓起奶瓶，此时，说明孩子已经形成了用手拿奶瓶这一行为习惯。

伸手抓取东西是孩子最基本的动作习惯，当这一习惯形成后，孩子的行为就会变得复杂起来。也就是说，当孩子的手、手指、手臂的活动能够完美配合、自由取物之后，他们的行为就会变得多种多样。

比如，孩子不仅能够抓取物体，还能将物体扔掉，不仅能拿起面前的物体，还能拿起身体两侧的物体，除此之外，他们还学会了转动和推动物体等。

为了让整个过程能够更清晰、具体，我们继续前面的实验。当孩子学会用手拿起奶瓶之后，我们又给孩子出了一个难题：将糖果放在一个箱子里，那么孩子会怎么解决这个问题呢？

试验发现，当孩子面对这一问题时，他往往会用以往控制玩具的行为方式来对待箱子。比如把箱子捡起来，将其砸向地面，或拖着箱子转，或用手使劲敲打箱子等。直到最后，他无意间发现了箱

子上的锁扣，经过多次尝试摸索，孩子最终将锁扣打开。

试验人员给了孩子一些糖果，然后又把箱子重新锁起来。孩子拿到箱子后，又开始重复之前的动作，但这次他只尝试了几个动作，便将目标移向了锁扣，并将锁扣打开。如此反复几次后，孩子在拿到箱子时，已经能直接将箱子的锁扣打开并拿出糖果了。

在试验过程中，孩子通过不断地探索打开箱子的规律，最终找到了诀窍，从而实现了从简单行为习惯到复杂行为习惯的转变。

其实，人类可操纵的行为不仅包括手臂、手和手指的活动，几乎身体任何部位的活动都能引起身体中一块或几块肌肉的顺应，包括我们的内脏。

当孩子的手、肩膀、腿等肢体活动和呼吸、血液循环等内部活动可以按照某种秩序进行时，我们就可以说孩子身体各部位完成了"完美整合"。在这个阶段，孩子的每一个动作发生的时间都有着精确的安排，并且身体的每一块肌肉都会妥当配合孩子的行为。

比如早上 7 点孩子准时起床，然后去卫生间刷牙洗脸，接着乖乖坐到餐椅上吃饭。早饭过后，孩子主动收拾书包，然后坐上去学校的校车等，这一系列动作都是孩子经过长久训练之后形成的良好行为习惯。

对于孩子来讲，形成良好行为习惯就意味着开始把握世界。从最初用泥土制造工具到用钢材制造工具，从最初的独木桥到横跨海洋的大桥等，所有这些都和人类的行为习惯分不开。

俄国著名教育家乌申斯基曾经说过："好习惯是人在神经系统中存放的资本，这个资本会不断增长，一个人毕生都可以享用它的利息；而坏习惯是道德上无法偿清的债务，这种债务能以不断增长的利息折磨人，使他最好的创举失败，并把他引到道德破产的地步。"

小学阶段是孩子接触集体的第一站，也是形成良好行为习惯的关键时期。在这个阶段，家长应当注重培养孩子的行为习惯，这样长期坚持下去，从拿奶瓶到建造摩天大楼，孩子的成长之路会更加顺畅，未来也会更加美好。

影响孩子行为的因素原来不止年龄

"孩子还小，不懂事""等孩子大了，他就知道怎么做了""现在捣乱没关系，长大了就好了"……面对"熊孩子"时，家长经常用这些话来解释孩子的异常行为。那么，孩子的这些行为真的都是因为年龄小而出现的吗？答案是否定的。年龄的确可以影响孩子的行为，但它并不是影响孩子行为的唯一因素。

著名心理学家华生曾经用老鼠做过这样一个试验：他将一只年龄大的老鼠和一只年龄小的老鼠分别放在迷宫里面，让它们自己探索走出迷宫的方法。试验结果表明，虽然这两只老鼠所用的方法、步骤和每次成功花费的时间不同，但是它们所尝试的次数并没有太

大的差异。

从试验中我们可以发现，年龄大的老鼠在学习迷宫这件事情上，并不会因为年纪大而不去学习，唯一的差异仅仅在于年龄大的老鼠体力比较差，其最终跑完整个迷宫的时间远远大于年龄小的老鼠。

也就是说，年龄并不是影响老鼠行为的唯一因素。华生通过这一试验想要表明的是，人和动物一样，其行为都会受到不同因素的影响。

国外相关研究表明，大约20%的儿童有各种各样的行为问题，孩子行为的发生发展受生物学、家庭环境和社会等诸多因素的影响。

一、儿童自身因素

1. 感觉统合能力

陈达德教授曾经说过："很多家长让孩子过早学习他生理能力以上的东西，想要赢在起跑线上。而在起跑线上赢就是抢跑，是犯规的呀，犯规就一定要受到惩罚。"

孩子从翻身到坐起，从爬行到说话，所有这些行为的习得都是有适宜的时期的，只有孩子的抗重力肌肉群、视觉、听觉、知觉等感觉统合能力得到全面发展，孩子才会学会相应的行为。如果违反孩子感觉统合能力的发展规律，一味让孩子"抢跑"，其结果大多适得其反。

一位训练馆的老师曾经接待过一个快4岁的小朋友，这个小朋

友的平衡能力很差，整体大肌肉力量偏弱，训练一段时间后还学不会跳。他的父亲因此非常生气，抱怨训练馆的老师不带着自己的孩子练习跳跃。

这位老师则告诉孩子的父亲，由于孩子的平衡能力早期构建不足，现在存在着严重的重力不安全感，这时如果让孩子坚持做离地训练，孩子会感到非常害怕，其结果只能是孩子不但学不会跳这一动作，甚至以后都有可能不愿意接受任何训练了。

这一案例表明，孩子的行为表现和他的感觉统合能力是密不可分的。视觉不平顺的孩子很容易出现读书跳行的问题；听觉和记忆能力不足的孩子常常会记不住作业；触觉敏感的孩子更容易胆小怕生，这些都体现了生理能力在平时生活学习上对孩子的影响。

2. 孩子的心理活动

孩子的心理活动是指孩子对某一类事件进行反复强化后形成的一种自我认知。孩子之所以会产生不良行为有可能是因为孩子模仿了家长的不良行为，也有可能是因为家长对孩子心理活动产生了不良影响。

比如孩子有一段时间对大自然感兴趣，他们看到溪水、泥土就会异常兴奋，并且去触碰它们，但是当家长告诉他们这些东西很脏，不能碰，并经过多次强化后，孩子就会产生这样一种心理活动：溪水、泥土这类东西对我是有害的，我不能碰，我要离它们远一点。

在孩子成长过程中，他们就是这样通过不断地接触新事物慢慢

成长起来的。在此期间，孩子如果对于新的环境、新的人产生防御心理，那么他的学习或成长就可能会滞后。

如果家长经常跟孩子说"如果有人抢你的东西，你就打他"这种话，孩子就会在一种错误的引导下形成"当遇到冲突我就要打人"这种心理活动。可想而知，这种心理活动导致的结果必然是孩子的交往方式越来越暴力，身边的玩伴也会越来越少，同时孩子也会表现得很不合群。

二、家庭因素

美国著名"家庭治疗"专家萨提亚认为，一个人的成长与他的家庭有着千丝万缕的联系，这种联系会影响他的一生。

例如父母脾气急躁，遇到事情大发雷霆，那么他们的孩子在与小朋友互动时，一旦发生冲突可能就会学父母的样子，对小朋友大动雷霆之怒；父母平时不爱运动，喜好安静的环境，他们的孩子习惯了这种安静环境，自然就会讨厌吵闹的游戏，而喜欢一些玩娃娃、画画等安静的活动。

通常，在一个家庭中，影响孩子行为的因素包含四方面，这四个方面分别为父母教养方式、家庭经济状况、父母精神因素、父母文化程度。

1. 父母教养方式

父母的教养方式大致可以分为情感温暖和行为控制两种。情感温暖是指家长和孩子间的互动很温暖；行为控制是指家长用一贯的纪律严格管理孩子的行为。

以上两种教养方式对孩子的行为都有一定影响。心理学家通过研究发现，当家长用行动控制教养方式教育孩子时，孩子会减少外向性行为。而孩子如果缺少情感温暖教养方式，则会出现逃避社交、胆小等行为问题。

2. 家庭经济状况

相关调查表明，面临压力的父母更偏向于用严厉的管教方式教养孩子，其对孩子的行为影响也比较严重。尤其是一直处于贫困的家庭会面临更多的物质匮乏和经济压力，其家庭不和睦的可能性会更大，在这种情况下，家长更可能对孩子采取严厉的教养方式，进而导致孩子产生一些不良行为。

3. 父母精神因素

心理学家对低收入的单身母亲与孩子行为问题进行研究时发现，孩子的外向性和内向性行为问题与母亲患抑郁症、消极思考及慢性压力成正比，与自尊成反比。母亲在精神层面越消极，孩子出现不良行为的概率就越大，其自尊心则会越来越低。其中的原因为，当家长存在抑郁、焦虑等精神问题时，儿童更有可能会面临慢性压力、家庭危机、父母婚姻冲突、家庭暴力等危险因素。

4. 父母文化程度

相关研究表明，父母的文化程度对孩子的人生观、价值观、社会观和道德观也有着一定的影响。通常，学历较高的父母更重视孩子的早期教育，从而对孩子的身心健康发展起到积极的促进作用。另外研究还发现，母亲文化水平的高低对孩子行为的影响通常大过

父亲。

三、社会因素

个人的社交情况会影响孩子的行为，进而影响其健康。有关学者经过研究发现，家长和孩子的社交网络越差，孩子的行为问题就会越严重。此外，孩子对邻里的信任安全感越低，孩子的精神问题尤其是情绪问题就会更严重，而良好的社会关系和和睦的邻里关系则有助于孩子诚信的培养和安全感的提升，进而促进孩子的心理健康发展。

总之，除了年龄之外，孩子的行为必然还会受到自身其他因素、家庭因素和社会因素等多方面影响。因此，改变孩子不良行为，培养孩子良好的行为习惯并非一件简单的事情，家长需要进行多方面的考量，积极从各个方面促进孩子的健康发展。

不要太强调天赋，挖掘行为背后的潜能更重要

　　新疆著名教育家阿依古丽老师在印度舞教学上成就非凡，她培养出了许多优秀的孩子，其中包括她的女儿阗琳娜。阗琳娜十分优秀，儿童时期就荣获了全国各种少儿舞蹈比赛的很多奖项。媒体都认为阗琳娜遗传了阿依古丽的天赋，并将她称为"天才舞蹈家"。

　　相信每一位家长心中都有过这样的疑问：天才是怎样培养出来的？读完上面的引文，很多家长可能会认为，将孩子培养成某一领域的优秀人物，必不可少的因素是天赋。但事实果真如此吗？

　　其答案可能会出乎很多人的意料，优秀人物的培养与天赋关系并不大。

举个例子来讲，一说起冰球，大家都会想到加拿大球员，人们普遍认为加拿大冰球队是世界冰球第一强队。若按照天赋这种看法，那么加拿大冰球队里的每一个人都具有冰球天赋。

事实上，加拿大精英冰球队的队员普遍拥有的天赋只有一个：他们比别人早出生了几个月。据调查，加拿大这些精英球员当中，生于1、2、3月的人大约占了总数的50%，这也是他们所谓的"天赋"。

追其根源是因为加拿大冰球运动员的年龄资格认定是从1月1日开始的。试想1月1日就满10岁的孩子和年底12月31日才满10岁的孩子在一起打球，这相差的12个月对青春期前的少年来说，在身体成熟度方面会呈现出较为明显的差距。简单来说，他们其实是利用了孩子的年龄优势。

儿童时期的孩子年龄相差几个月，其体格、协调能力、反应能力、理解能力都有着很大的差异，因此1月到3月出生的孩子自然会比同龄其他月份出生的孩子优秀那么一点点。正是因为这么点优势，他们得到了更多的表扬激励，从而赢得了更多的机会。因此，从根本上讲，他们不是比别人更有天赋，只是比别人早出生了几个月而已。

行为心理学家认为，不论一个人的父母有着怎样的社会地位，也不论他的出身多么优越，他作为婴儿的本质和反应与其他同类婴儿相比不会有任何区别。也就是说，被人们称为天赋的行为其实都是在生活环境的刺激作用下形成的。

例如生活在热带的人，赤身露体，以打猎、野果为生，而生活

在寒带的人通常用动物的皮毛覆身，吃富含油脂的食物，住冰堆起来的房子，这些都是由于他们的生活环境不同造成的差异，并非天赋使然。

此外，在生活中，我们真正的遗传结构的呈现方式最终还是由外部环境决定的，如打铁人的胳膊粗壮，健美人的身材完美，而从事伏案工作的人一般都戴眼镜等，这些外在表现其实都与他们生活的环境有关。

美国约翰·霍普金斯和范德堡大学曾经发起了一项对数学能力超群的儿童的研究，这项研究以三位美国顶尖教育科学家为核心，追踪了 5000 多名聪明儿童的成长轨迹。经过 40 多年的追踪，学者发现，哪怕再聪明的天才孩子，也需要家长和老师的帮助才能充分发挥他们的潜能。也就是说，孩子将来能否有所成就，关键在于后天的培养，包括兴趣和行为方面的培养。

美国心理学专家彼得·L·本森曾经提出过一个"火花理论"，他认为几乎每个孩子都具有某种潜能，这些潜能就是他们人生中的"火花"，一旦"火花"被激发，孩子就会获得巨大的快乐和自信，继而更具有前进的动力。

以上种种研究向我们说明了这样一个事实：孩子成长过程中的点滴行为背后隐藏着很多潜能或兴趣点，如果家长可以敏锐地捕捉到孩子为之着迷的兴趣点，然后不遗余力地给予支持和培养，孩子的这项潜能很有可能就会变成特长，最终帮助孩子获得更大的成就。

高尔基曾经说过："天才就是劳动，人的天赋就像火花，它既

可以熄灭，也可以旺盛地燃烧起来，它成为熊熊烈火的方法只有一个，那就是劳动。"

我们想要发现并培养孩子对一些事物的兴趣，最有效的办法就是及时发掘孩子的潜能，并为之努力。当孩子在某个领域被认可并获得成就感时，他们的自信心就会越来越强，进而他们在相对不熟悉的领域也会更加积极拓展，最终有所突破。

儿童行为及背后潜能自查表

孩子的日常行为表现	
1.他在背诵诗词和有韵律的句子时很出色	2.他很注意你在愁闷或高兴时的情绪变化，并做出反应
3.他常问类似"时间是从什么时候开始的""为什么小行星不会撞到地球"这样的问题	4.凡是走过一遍的地方他都能记住，很少迷路
5.他四肢协调性良好，能够随着音乐律动，并且动作优美	6.他唱歌时音阶很准
7.他常问"打雷、闪电和下雨是怎么回事"这种问题	8.如果你用词用错了，他会给你纠正
9.他很小就会系鞋带了，很早就会骑自行车	10.他特别喜欢扮演一些角色或编剧本
11.外出时，他能记住沿途标志性建筑	12.他喜欢听各种乐器，能分辨不同乐器发出的声音
13.他地图画得很不错，路线清楚	14.他善于模仿各种身体动作及面部表情
15.他善于把各种杂乱的东西按规律分类	16.他善于把动作和情感联系在一起，如"我们做这件事就会很开心"
17.他故事讲得很好	18.他会对不同的声音发表评论
19.他常说某某像某某	20.对别人能完成和不能完成的事他能做出准确分析与评价

潜能推测结果
1.如果孩子在1、8、17条表现突出,代表他可能有很好的语言潜能
2.如果孩子在6、12、18条表现突出,代表他可能有很好的音乐才能
3.如果孩子在3、7、15条表现突出,代表他可能在数理逻辑方面有潜能
4.如果孩子在4、11、13条表现突出,代表他有很好的空间方面的才能
5.如果孩子在5、9、14条表现突出,代表他有很好的身体动觉才能
6.如果孩子在10、16、20条表现突出,代表他有很好的自我认识潜能
7.如果孩子在2、10、19条表现突出,则代表他有很好的认识他人的潜能

儿童行为背后不为人知的心理

有时候，父母面对从呱呱坠地开始就被自己抱在怀里的孩子，总是觉得非常陌生。虽然我们非常熟悉孩子的一颦一笑，却不了解孩子的内心世界，不知道他们行为背后的真实需求。

孩子的每一种行为背后都有着他们的心理需求。父母想要真正了解孩子，更好地关爱孩子，必须关注孩子行为背后的心理需求及每个成长阶段孩子的心理发展。

一、"电报式"语言

两岁的小豆丁还没有办法说出完整的句子，为此豆妈豆爸十分着急。一天晚上，小豆丁突然发起高烧，还不停地说"妈妈疼"。豆妈知道小豆丁一定是哪里不舒服了，着急地想要问清楚，可是小

豆丁除了说"妈妈疼"之外，什么也不会说，豆妈因为着急都哭了。

从刚出生开始，孩子就接触语言，慢慢开始说话，不过他们刚开始说话的时候只能单个字、单个词地往外蹦，很难一次使用两个以上的词语。当别人无法理解他们时，他们只能配合自身的肢体动作来表达意思。

2 岁以后，大多数孩子都能流畅地使用两个词语构成的句子，例如"妈妈来""爸爸抱"等，这就是所谓的"电报式"语言。

这个阶段他们的语言表达很简单，只能起到简单交流信息的作用，有时难免还会产生歧义。如"妈妈来"可能是呼唤妈妈过来，也有可能是告诉别人妈妈回来了。

当孩子因为电报式语言无法清晰表达自我时，父母应当意识到这是孩子学习语言的必经阶段。在这个阶段，父母要做的是更好地激发孩子的语言能力，帮助孩子掌握更多的词汇，让孩子的语言变得更加丰富、灵活。

二、"禁果效应"

周末，豆妈带小豆丁去公园玩。豆妈再三叮嘱小豆丁草丛上面有狗屎，不要去草丛玩。可是小豆丁就像是故意惹豆妈生气一样，总是趁豆妈不注意就跑向草丛，有时还会回过头带着挑衅的眼神看着妈妈。豆妈气呼呼地把小豆丁追回来，但稍不注意，小豆丁又跑去草丛。

现实生活中，很多父母都有和豆妈一样的烦恼，明明三令五申不让孩子做某件事情，孩子偏要和自己对着干。这到底是为什么？归根结底，这是"禁果效应"在起作用。

　　"禁果效应"是指对于越不被允许做的事情，人们往往越想拼命去尝试的现象。孩子也一样，他们一旦品尝到禁果的"甜蜜"，就会想着进一步挑衅父母的底线，对品尝禁果屡禁不止。

　　如10个月大的孩子非常喜欢扔东西，当父母为他们捡起东西时，他们就会觉得非常兴奋，以至于父母捡得太累了，反复告诉他们"不要再扔了"的时候，他们依旧沉浸在之前的快乐中，不想停止，因此就会继续反复扔东西，甚至当父母不去捡时他们还会哭闹发脾气。

　　在这种情况下，父母如果直接告诉孩子"不要……"是没有效果的。对于年幼的孩子来说，与其用否定的句式斥责孩子，不如以肯定的句式告诉孩子应该做什么事情。

　　就小豆丁的例子而言，豆妈不妨告诉小豆丁"宝贝，留在妈妈身边玩"或者"我们一起玩跷跷板"，这样明确的正面信息，小豆丁更容易接受，进而也更容易顺从豆妈，听豆妈的话。

　　大禹治水的原理是宜疏不宜堵，教育孩子也是如此。父母教育孩子不应该单纯地压制孩子，而是应当采取引导的方式，给予孩子更好的帮助和指导，同时满足孩子的好奇心和探索欲，这样才能真正实现与孩子平等相处。

三、强烈的自我意识

前段时间，豆爸给小豆丁买了好多巧克力。豆妈为了防止小豆丁吃太多，想和往常一样和小豆丁分享。不料，豆妈刚刚拿起巧克力，小豆丁突然大喊："这是我的，我的！"说完，小豆丁坐在地上大哭。

从出生 7、8 个月开始，孩子就会萌生初步的自我意识。在此期间，孩子知道"我的"，不知道"他的"，面对自己喜欢的东西，他们都会本能地据为己有，不愿意和别人分享。如果有人夺走他们的"心爱之物"，他们就会马上哭闹不止。其实，这是孩子的自我意识在潜意识中的表现。

2 岁半左右，孩子就开始真正形成自我意识。细心的父母会发现，这个阶段的孩子开始懂得"护"东西。即使他们曾经愿意和别人分享玩具和食物，但是现在却"固执"地认为某件东西只属于自己，就连自己的父母都不可以碰。

自我意识是孩子在成长过程中和客观环境相互作用形成的产物，它对于孩子的成长和发展至关重要，甚至会影响孩子一生。如果自我意识过强，那么孩子有可能会变得偏执，固执己见。如果孩子的自我意识过弱，则会变得胆小懦弱，没有主见。

只有保持适度的自我意识，孩子才能健康、快乐地成长。因而，在这个阶段，父母一定要积极引导，帮助孩子客观地认识自我，并与外界建立良好的关系。

此外，父母还应该引导孩子进行积极的自我评价。当孩子妄自

菲薄时，父母要帮助孩子认识到自身能力和优点，帮助孩子建立自信；当孩子对自我评价过高时，父母要帮助孩子客观认识自己，看到自己的不足并积极弥补。总之，父母要做孩子的正确引导者，帮助孩子做一个自信、阳光、快乐的人。

　　孩子成长是一个漫长的过程，除了身体之外，他们的思维、语言等诸多方面都在不断成长。而父母在孩子的成长过程中始终扮演着重要的角色，父母不仅要照顾孩子的日常起居，更要注重孩子的身心发展，给予孩子正确的引导和帮助，进而让孩子健康、快乐地成长。

第二章
行为解读：行为是孩子的心理投射

爱哭不是无理取闹，试着站在孩子视角看问题

小豆丁和爸爸妈妈一起逛超市，他想要买一个变形金刚。爸爸告诉他，家里玩具太多了，不能买。小豆丁十分委屈地央求妈妈，妈妈安慰了小豆丁几句，但还是没有答应小豆丁的要求。

小豆丁生气地坐在地上大哭起来。周围来来往往的人看到了，都劝豆丁爸爸给孩子买一个变形金刚，别让孩子一直哭了，但爸爸觉得不能纵容小豆丁这个坏毛病，所以坚持不给小豆丁买。小豆丁见爸爸态度坚决，哭得更大声了。

动不动就哭，哭起来没完，孩子的这一行为让很多家长都倍感头疼。尤其是很多孩子的哭声特别有"穿透力"，一哭起来不仅自己会崩溃，左邻右舍也会被吵得不得安宁。面对孩子的哭泣，有的家长会生气地斥责孩子，有的家长选择直接忽略孩子的哭声，但效果如何呢？很多时候，这样做不但无法让孩子停止哭泣，反而会让孩子哭得更凶。

孩子为什么总哭呢？其实，在孩子哭闹的时候，我们与其惆怅"他怎么又哭了"，不如理性思考一下孩子为什么哭。

心理学家认为，所有匪夷所思的行为背后，其实都有一定的深意。没有孩子会无缘无故地哭，他们表现出来的行为是心中情绪的表达和映射。孩子的每一次哭闹，其背后都是在向他的父母表达自己的感情和需求。

哭是人的一种情绪反应，它在一定程度上有益于孩子的心理健康发展。孩子有时候会通过哭来缓解自己内心的压抑紧张情绪。

周末，妈妈刚要带着小豆丁去游乐场，就接到了公司的临时任务，需要在家加班。妈妈安慰了几句小豆丁，便去书房忙工作了。

可是，小豆丁一直在旁边"妈妈妈妈"喊个不停。妈妈没有理他，继续工作，小豆丁连滚带爬翻到妈妈腿上，用小手在键盘上一通乱敲，妈妈写的东西被小豆丁弄得乱七八糟。妈妈非常生气，对着小豆丁大吼："你知不知道我很忙，你这么做太讨厌了！"

小豆丁愣了几秒，然后开始号啕大哭。

悲伤和高兴、愤怒等情绪一样，它们都是人类正常的情绪反应。当伤心、难过时，有的人会用一些方式来宣泄自己的情绪。对孩子而言，哭就是他们宣泄情绪最直接的方式。当他们困了、饿了、委屈难过时，很多时候都会用哭来向家长传递信息。

孩子悲伤哭泣时，家长不要盲目制止或指责孩子，而是要搞清楚孩子哭泣的原因，接纳他的悲伤，倾听他的痛苦，并和他一起寻找解决问题的办法。

通常，孩子悲伤的原因有以下几种：

原因一：生理原因

孩子和成人不一样，他们没有足够的能力获取自己需要的东西。

当他们需要食物等东西时，如果得不到及时满足，他们就会通过哭泣来寻求家长的帮助，以此满足自己的生理需求。

教育方法：

面对孩子的哭泣，家长不要指责孩子，也不要试图转移孩子的悲伤。正确的做法是理解孩子的悲伤，并帮助孩子学会合理宣泄情绪。家长可以在孩子悲伤的时候让孩子选择一个宣泄情绪的方式，比如痛快大哭一场，或跟妈妈好好倾诉一番。

值得注意的是，在引导孩子时，要根据孩子的性格灵活调整宣泄方式。比如性格内向的孩子可以选择去没人的地方大吼几声宣泄情绪，而性格外向的孩子则可以跟家人好好倾诉一番，向家人寻求安慰。

有一种适合所有性格孩子排解情绪的方式，那就是哭泣。哭泣不能与哭闹画等号，哭泣是一种合理的排解情绪的方式，哭泣过后，孩子的心情会更加平静，头脑也会更加理性。

原因二：高度敏感

一般来说，4岁以后孩子的语言能力会有普遍提高。生活中，他们很多时候会用语言来表达自己的诉求，从而哭泣的次数会明显下降。但是，对于高度敏感的孩子来说，他们可能依旧会用哭泣来解决生活上的问题。面对这类孩子，家长采用批评或安抚等方式通常不会起到什么作用。

小豆丁今天晚上的作业特别多，他一放学就开始在房间里写

作业。妈妈叫了好几次，让他先吃饭，他都没有出来。豆妈有些生气，跑到房间去叫小豆丁。小豆丁看到豆妈生气的样子，"哇"一声哭了出来。豆妈手足无措，心中疑惑：为什么孩子这么大了，还总是哭呢？

高度敏感的孩子安全感比较低，他们更需要家人和朋友的关注以及安全的环境。与其他同龄孩子相比，他们更容易获得快乐，同时他们也更容易哭闹，而且很多时候家长怎么哄都哄不好。

面对比较敏感的孩子，家长到底该怎么办呢？下面方法可供参考：

1. 感知和接受孩子的哭泣行为

孩子哭泣时，家长要做的不是和孩子一样不知所措，而是要耐心感知并接受孩子的情绪。家长可以先好好安抚一下孩子，然后问问孩子为什么哭，如果孩子不回答，那么也不要勉强，可以回想一下孩子近期的生活状况，站在孩子的角度去思考下孩子哭泣的原因，或者等孩子冷静下来后再找原因，在找到原因后慢慢对孩子进行疏导。

2. 给予孩子更多关注

父母要让孩子感受到父母一直在关注他，即使他不哭泣也能得到父母的关爱。

3. 注重事件本身，从根源处引导孩子解决问题

当孩子因为遇到困难或问题而哭时，父母需要用孩子能够理解

的方式来解释问题，并协助孩子找出问题出现的原因，在此基础上从根本上解决问题。比如孩子不小心摔倒了，家长要关注问题本身，告诉孩子摔倒可能是因为他没有仔细看路，以后要小心，然后引导孩子下一步是处理伤口，而不是哭泣。

原因三：主动性和内疚感

美国心理学家埃里克森认为，人要经历八个阶段的心理社会演变，这种演变就是人的心理发展过程。3到6岁是其中一个阶段，这一阶段的孩子心理正在经历主动性和内疚感的发展，他们会采用很多行为来探索世界。比如主动交朋友，主动发展同学关系等。在这个过程中，如果遭到朋友或者同学拒绝，他们就会产生受挫感，然后便会用哭泣来表达受挫情绪。

小豆丁的老师向豆爸反映，小豆丁非常爱哭。他想和同学玩，同学拒绝了他，他就在一旁哭。大家一起活动时，小豆丁一个人在座位上玩其他玩具，老师制止他，他也会哭个不停。

豆爸回家后问小豆丁为什么在幼儿园哭。但是，任凭豆爸怎么问，小豆丁一直低着头不说话。豆爸看着小豆丁委屈的样子，不知道该怎么办。

心理学家认为，如果一个人能够顺利解决成长过程中每一个阶段的矛盾和危机，就会对心理发展产生积极影响。反之，则会对心理发展产生消极影响。因此在这个阶段，家长要主动陪伴孩子，帮

助孩子，及时了解孩子的心理，并进行适当地疏导，努力让孩子有一个快乐的童年。

家长可以尝试下面方法。

1. 多花些时间陪伴孩子。作为家长，平时要协调好工作时间和与孩子相处的时间。多花些时间和孩子沟通，了解孩子的想法，感受他们的情绪，及时安抚他们的不安感和内疚感。

2. 从孩子的视角看问题。孩子眼中的世界与成人眼中的世界大不相同，很多成人认为无关紧要的事情，很有可能就是孩子哭泣的"导火索"。家长要学会从孩子的角度看世界，了解孩子对事件的理解程度，这样也可以使家长和孩子之间的情感纽带联结得更紧密。

孩子不会无缘无故哭泣，他们的哭都有"密码"。家长若能找到这个"密码"，并加以引导，"小哭包"也会变回原来那个快乐的"天使"。

容忍孩子的执拗，耐心引导孩子去探索

小豆丁和妈妈乘坐电梯时看到了一件非常有趣的事情：楼上的一个小妹妹站在地上，用力去够电梯按钮，但是怎么也够不着。她的爸爸反复对她说，等她长大了就可以按到按钮了。可是小妹妹好像没听见一样，还是一直固执地去够按钮。爸爸没有办法，只好强行把她抱了起来。小妹妹气坏了，在爸爸怀里发脾气，哭闹着非要下来按按钮。

想必引文中的情况很多家长都遇到过，孩子理解不了自己为什么够不到电梯按钮，非要"固执"地一直试下去。这种非要自己来做，而且必须按照自己的想法来做，不然就会生气的行为，从根本

上讲，其实是因为孩子有一颗"追求完美"的心。整个过程其实是孩子内心的完美主义因子在作祟。

心理学家研究发现，孩子的年龄越接近 3 岁，这种完美主义的现象越明显，孩子们经常会要求自己的行为、自己身边的物品等必须与自己设想的完全一致。蒙台梭利将这一阶段称为孩子的"执拗敏感期"。

这个阶段，孩子开始建立有序的心智，他们对时间、空间、顺序等会格外敏感，并且要求严格。比如，鞋子必须放在鞋柜、开门必须由他亲自开、拼图必须按照他的顺序来拼等。

总之，他们会要求物品的摆放、做事的方法、顺序等全部都按照他们的想法来。如果与自己的想法不同，他们就会感觉不安、焦虑，直到把所有事物都调整到自己舒服的状态，他们才会放松下来。

孩子这种"规则意识"较强的行为往往呈阶段性，通常持续一段时间后会自然消失，不会影响孩子的正常生活。

对于比较执拗的孩子，家长应该努力陪孩子安全度过执拗敏感期。

执拗敏感期是孩子养成秩序感，形成心智秩序和规则意识的重要时期。在这个阶段，当发现习惯的东西改变了或者脑海中预期的程序被破坏时，很多孩子会选择哭闹，此时，家长千万不要粗暴"镇压"孩子的需求，更不要呵斥打骂孩子，这样不仅会破坏孩子秩序感的发展，而且还可能会给孩子在安全感方面造成永久性的伤害。

家长应该站在孩子角度去理解孩子对于秩序的强烈需求，并适当安抚孩子，接受孩子在这个阶段内的短期"强迫症"，帮助孩子快速恢复情绪，进而安全度过执拗敏感期。

作为家长，我们应该尊重孩子，并努力去理解孩子的各种行为。对于好的行为，给予鼓励表扬，对于不良行为，要沉下心来，认真思考行为背后孩子的真实需求，耐心引导，这样孩子才能更加健康地成长。

"人来疯"，你是否很久没有关注孩子了

一天，一位叔叔来家里做客。爸爸妈妈在客厅陪着叔叔聊天，小豆丁突然从卧室出来，在沙发上又蹦又跳。妈妈斥责了小豆丁，让他安静点，自己去卧室玩。

小豆丁不但没有听妈妈的话，还故意打开电视，把动画片的声音放得很大，一边看一边大声叫喊。爸爸一气之下把小豆丁拉进卧室，反手锁上了卧室的门。小豆丁伤心极了，一个人在卧室放声大哭。

很多家长都有这种的疑惑，孩子平时聪明伶俐，讨人喜欢，为什么家里一来客人就异常兴奋，上蹿下跳，大呼小叫，简直就是个

"人来疯"。为什么有的孩子会有这种行为呢？

研究发现，"人来疯"是 3 ~ 6 岁儿童经常会出现的一种普遍行为。这个年龄段的孩子脑部神经发育不完善，心理发育还未成熟，自控能力比较弱，兴奋时很难平静下来。特别是在新鲜事物的刺激下更容易出现异常兴奋的举动。

那么"人来疯"这种行为背后，孩子到底有哪些需求和想法呢？

想法一：不满家长冷落自己

在现代家庭中，孩子往往是家里的主角，家长每天都围着孩子团团转，慢慢孩子就习惯了这种以他为中心的生活。而当有客人造访时，如果家里所有人都把客人放在第一位，忽略孩子的感受，孩子就会感觉自己被冷落了，进而通过做一些"人来疯"的典型举动来吸引大家注意。

小豆丁妈妈和她的同事聊天时，一个同事告诉她："我家孩子不知道怎么了，平时乖巧听话，只要一有客人来，就一直围在我们身边打转，不是表演倒立、朗诵儿歌，就是做一些怪异的举动，总之就是想尽各种办法让我们关注他。"

3 到 6 岁这个阶段是孩子自我意识成长的重要时期，这一阶段，孩子虽然已经有了初步的主客体区分能力，但思维仍然以自我为中心。他们很难意识到他人的需要，加上生活经验有限，一旦家人热情待客，冷落他，他就会本能地采取胡闹的方式引起家人的注意，用这种方式告诉家人：我无法忍受你们不理我。

这种孩子的性格一般较为外向。他们的表现欲很强，喜欢在别人面前表现自己，但很多时候他们很难把握尺度，行为很容易出格。对于这类孩子，父母要多关注孩子的感受，在理解孩子的基础上与孩子共同建立一些规则，让孩子在表现自己的同时学会待人接物。

教育方法：

1. 待客前制定规则。家长可以提前和孩子制定待客规则，告诉孩子客人来了之后怎样打招呼，怎样招待客人，什么情况下要保持安静，如何表演节目等。

如果孩子在待客过程中违反规则，执意胡闹，家长千万不要厉声呵斥，这样会让孩子在客人面前失去自尊。正确的做法应该是在耐心抚慰孩子的同时，温和且坚定地执行之前定好的规则。

2. 待客时适当关注。招待客人的过程中，家长应尽量给予孩子适当关注。可以让孩子也参与到待客中，做一些力所能及的事情，比如帮忙给客人端水果等，除此之外，也可以专门给孩子一点时间让他表演节目。

孩子表演节目时，家长一定要专心看孩子的表演，并且及时给予表扬和鼓励，这样孩子就会知道客人和家长都在关注并且喜欢自己，他们心理需求得到满足后，自然就不会"人来疯"了。

生活之余，家长还可以多带孩子看一些儿童剧，去外出旅游，或参加一些表演活动，以此来丰富孩子的精神生活，满足他们的好奇心、表现欲和探索欲。当孩子的各种欲望都得到满足后，他们自然会在客人面前安静下来。

想法二：满足自己的小伎俩

有的孩子非常机灵，他们知道自己想要什么，并且总会想尽各种办法争取和保障自己的利益。他们知道，如果家里有客人在，父母的管束就会比较宽松，这时他们就可以采用胡搅蛮缠的方式向父母提一些要求，比如玩游戏、要零花钱等。

小豆丁的同学小叮当非常机灵，虽然父母对他比较严厉，但是他总能找到机会钻空子。每次家里来客人时，他都明目张胆地玩游戏、看动画片，不写作业。爸爸训斥他时，他就会在客人面前撒娇、求饶，要不就以哭闹要挟爸爸。爸爸碍于客人的面子，每次都不好过分苛责小叮当。

像小叮当这类孩子，他们很清楚自己想要什么，也知道在客人面前更容易争取到自己的利益。因此，一旦有客人在场，他们就会趁机提要求，如果父母不予满足，就会采用"人来疯"的方式让父母在客人面前下不来台，父母最终碍于面子不得不满足他们的要求。

当面对这类孩子时，父母需要有更多的耐心，在此基础上，父母可以尝试以下对策。

教育方法：

1. 明确立场。面对孩子的无理"要挟"，父母不要一味放纵孩子，而要采用温和的语气，明确指出孩子的问题。如果孩子抵抗情绪过于激烈，父母可以适当满足孩子的要求，但是必须告诉孩子这种情况下不为例，让他明白他的行为是错误的。

2. 事后教育。客人走后，父母不要轻视孩子的表现，而应当与孩子进行一次严肃的谈话，重申待客规则，并警告孩子"人来疯"这种行为是不被允许的。

想法三：害怕独自相处

现实中，很多父母由于担心孩子在外面会受到伤害，所以很少让孩子与外界接触，这样就导致孩子的生活圈子很小，生活比较单调，多余精力无处宣泄。这种孩子一旦闹起来会格外难以控制，再加上客人的到来对他们也是一种刺激，这种情况下，他更容易做出一些异常的举动来吸引大家的注意。

小豆丁爸爸同事家的孩子小鱼儿是独生子，从小患有过敏性鼻

炎，为此，爸爸妈妈平时很少让他出门。一次，小豆丁爸爸去他家做客，大人们忙着招待客人，一时忘了小鱼儿的存在。

小鱼儿不高兴了，站在沙发上大喊："现在是看动画片的时间，我要看动画片！"妈妈赶紧哄他下来，让他去自己房间看。小鱼儿不依不饶，一边跺脚一边叫喊。小鱼儿的父母站在一旁，非常尴尬。

小鱼儿属于内向型孩子，他的生活空间比较封闭，性格比较孤僻。面对这类孩子，父母如果只告诉他"我们还要照顾客人，你可以先自己在房间看会儿动画片"这样的话，孩子不会理解父母的真正用意，只会觉得父母冷落了自己，因此会做出很多异常举动来表示不满或反抗。

对待这类孩子，父母要注意培养孩子的同理心，引导孩子学着站在别人角度看问题。

教育方法：

1. 互换角色。孩子之所以不喜欢父母围着客人转，是因为他不习惯成为家里的配角。父母平时可以告诉孩子，生活中人的角色是不断变化的，就像过家家一样，有时你扮演孩子，有时你扮演警察，无论什么角色都要扮演好。当家里来客人时，孩子要扮演的就是礼貌待客的主人角色，需要尽力照顾好客人，扮演好这个角色。

2. 给孩子独处的空间。父母整天目不转睛地盯着孩子的一举一动，生怕孩子磕着碰着，这种行为既耗费心神，还不利于孩子独立成长。父母应该下意识地给孩子一些独处的空间，让他自己

玩耍、学习，父母只要在远处静静观察着孩子，让孩子知道他们一直在自己身边就好。

当孩子独处时，父母可以给孩子准备一些他们喜欢的玩具、书籍等，让孩子体会到自己玩耍、学习的乐趣。时间久了，孩子就会明白，父母没有必要一直陪在自己身边，自己独处也可以很快乐。

3.走出"温室"。过度管束孩子，不让孩子与外界接触，这种方式下培养出来的孩子就像笼中之鸟，其天性会被抑制。在这种情况下，孩子一旦接触到外人，就会感到无比新鲜，闹得也会格外疯狂。

要改变内向型孩子的"人来疯"行为，父母需要根据孩子的需要，让孩子走出"温室"，适当接触外面的人和事，这样既能减少他见到外人的兴奋感，还能培养他的人际交往能力。

大多数"人来疯"型的孩子自尊心一般都比较强，他们很怕在客人面前没有面子，父母在教育这类孩子时，一定要注意方式方法，千万不能打骂孩子，这样很容易适得其反。通常，孩子长大之后，"人来疯"现象就会慢慢消失，但父母也不能轻视这个问题，以防孩子在成长过程中养成不良习惯。

无节制饮食，也许孩子的心理、生理需求没有得到满足

小豆丁的表妹小娜来家里做客，小豆丁开心得不得了。可是，他们两个没玩多久，小豆丁就开始向豆妈抱怨："妈妈，我不喜欢小娜，她把我的零食都吃光了。"

豆妈和小娜妈妈来到客厅一看，小娜身边全都是零食袋子，零食箱也已经见底了。小娜妈妈有些愧疚地说："对不起呀，小豆丁和豆妈，最近这孩子也不知道怎么了，特别贪吃，一天到晚停不住嘴。我和她爸爸每次制止她，小娜奶奶都阻拦我们，觉得孩子正在长身体，吃多了没事，为这事我们也很发愁。"

  很多家长反映，自己的孩子不管看见什么食物都特别有食欲，一天到晚吃个不停，对此，爷爷奶奶们不但不去制止，反而会惯着孩子，每次都对孩子有求必应。这样下来，孩子的个子没有长太高，体重反而越来越重。

  "贪吃"在医学上被称为食欲亢进，简单来说就是孩子的食量大大超过了正常同龄婴幼儿的食量。"贪吃"的孩子大部分喜欢食用油腻、甘甜类食物，且大多数不喜欢运动。

  这种行为如果一直持续下去，很可能会导致以下后果：

  1. 降低大脑血流量，进而影响大脑发育

  人在进食后，胃肠道会通过蠕动和分泌胃液来消化吸收食物，如果孩子一直进食，那么胃肠道就需要调动身体中的大量血液，包括大脑中的血液来帮助消化吸收。若大脑血液长期被调动，那么大脑就会处于缺血状态，进而影响大脑反应速度。

2. 导致消化不良，并影响性格

美国儿科专家经过相关研究发现，孩子在儿童期如果吃得太多会影响消化，导致脘腹胀满、消化和吸收不良。更甚之，如果长期如此，还会使孩子性格变得急躁易怒，注意力不断下降。

3. 有可能会造成"肥胖脑"，进而影响智力

正常情况下，婴儿出生时的脂肪组织仅占体重的16%，4 ~ 6岁儿童的脂肪组织约占体重的20%。在此阶段，孩子的脂肪组织增长量很小，但如果吃得太多，特别是过度食用高热量食品，孩子身体中的热能就会转化成脂肪，并在体内不断蓄积，若大脑组织的脂肪过多，则会引起"肥胖脑"。

相关专家经过研究证实，人的智力和大脑沟回褶皱有一定关系。大脑的沟回越明显，褶皱越多，孩子的智力水平越高。反之，如果孩子大脑组织内的脂肪越多，就会使得大脑沟回紧靠，褶皱消失，大脑皮层变得平滑，其智力水平就会降低。

4. 可能会使大脑智能区域的生理功能长期处于抑制状态

人的大脑活动方式是兴奋和抑制同时进行的，如果大脑某些部位处于兴奋状态，其他部位就会处于抑制状态，兴奋部位越兴奋，抑制部位则会愈发受到抑制。

而当孩子大量进食时，负责胃肠道消化的植物神经中枢就会处于长期兴奋状态，其他邻近的语言、思维、记忆、想象等大脑智能区域就会长期处于抑制状态。在这种状态下，孩子很难对新事物、新知识产生兴趣。长此以往，孩子很有可能出现智力下降、健忘等症状。

5. 可能会导致大脑早衰

科学家经过研究发现，纤维芽细胞生长因子是一种能促使动脉硬化的物质，它会促使大脑早衰。经过进一步研究，科学家发现孩子过度饮食会使纤维芽细胞生长因子增加数万倍，也就是说贪吃很有可能会导致孩子大脑早衰。

由此可见，无节制饮食对孩子的影响非常大。那么，孩子为什么会出现这一行为呢?

1. 需求代偿

孩子在儿童期的生理需求是多方面的，他对很多东西都怀有好奇心和占有欲。如果他的生理需求没有及时得到满足，便很容易将生理上的缺失转移到食物上，然后用食物来取代生理上的需求。

2. 安全感补偿

当人在受到伤害或打骂时，会本能性地寻求安慰或补偿，孩子也是如此。当孩子受到家长或老师的教育、打骂时，他内心会无比渴望得到补偿，而食物通常是最直接的补偿。孩子在受到责骂时吃甜食，能够很大程度上缓解心理上受到的伤害。

3. 情感代偿

孩子在情感上如果得不到满足，也有可能通过食物来补偿。

儿童心理学家曾经做过这样一个试验：他把年龄、体重相同的一组独生子女和一组非独生子女聚集起来，让他们生活在一起，试

验过程中控制他们的副食供给。在试验过程中，儿童心理学家发现，非独生子女进食量要大大超过独生子女的进食量。

这一试验表明，相比独生子女，非独生子女得到的父母关怀会相对少些，这种情况下，他们更倾向于通过食物来填补心里的情感空缺。

4. 挫折反应

有的孩子在遭受挫折后不会把注意力放在分析具体问题上，而是放在食物上，因此当他们遭受挫折后，其生理和心理的需求很容易回归到对食物的需求上，进而通过吃更多的食物来发泄自己的情绪。

那么家长应该如何应对孩子的无节制饮食行为呢？

1. 制定定时定量表

在吃饭方面，家长首先要对食物的作用有一个正确的认识：食物不是吃得越多越好。为了达到健康饮食，家长可以制定一个明确的定时定量表，并和孩子一起认真执行。在执行期间，家长务必要控制孩子的副食量。

家长可以让孩子在做事前吃点东西，然后明确告诉他在正式开始做事后，比如写作业等，不会再给他东西吃了。引导孩子将注意力全部放在做事上，而非吃东西上。

2. 关注孩子心理健康

如果孩子向你索要食物并非因为饥饿，而是出于心理原因，这

时孩子多半是想要吸引你的注意，进而补偿他心理上的情感需求。

在这种情况下，家长要做的就是创造一个安全、舒适的环境，多和孩子进行情感交流，丰富他们的精神生活，避免孩子通过吃东西来补偿情感需求。

日常生活中，家长要对孩子多加关注，如果孩子的饭量突然增大或者副食需求增加时，家长可以耐心与孩子沟通，了解孩子是否遇到了一些成长问题，然后针对孩子的具体情况加以开导，防止孩子单纯地用食物来排解情绪。

此外，家长可以陪孩子进行一些体育运动或户外游戏，以此转移孩子的注意力，丰富孩子的日常生活，减少对食物的需求。

总之，在饮食方面，家长要清醒地认识到：让孩子多吃并不是爱，让孩子吃得恰当、吃得健康才最重要！

畏葸退缩，"习得性无助效应"才是背后主因

　　小豆丁五音不全，唱歌总是跑调。他最害怕上音乐课了，每次老师让他单独唱歌的时候，同学们就笑他，所以每次唱到一半他的脸就涨得通红，不愿再唱下去了。后来，老师再让小豆丁上台唱歌，小豆丁总是怯生生地站起来说："我不行。"

　　"我不行""我做不到"……有那么一些孩子，他们在面对困难的时候，经常动不动就承认自己不行或者干脆直接放弃，更甚之，对于许多东西，他们连尝试的想法都没有，这让很多家长非常苦恼。

　　儿童期的孩子不应该是活泼好动、天真可爱的吗，为什么自家

孩子总是没自信，甚至非常自卑？

其实现实中，这种现象非常普遍，而且不仅孩子，就连很多成年人也是如此。从心理学角度来讲，这种畏首畏尾、缺乏自信的行为很可能与"习得性无助效应"有关。

习得性无助效应是指在先前的经历中，尝到了"自己的行为无法改变结果"这种感觉后，再置身于可自主的新环境中时，习惯性地选择放弃尝试。

1967 年，美国心理学家马丁·塞利格曼做过一个实验：他将一条狗放进一个装有蜂鸣器和电击设备的笼子里，只要蜂鸣器一响，狗就会被电击。

一开始，狗被电击时会采取吠叫、咬东西、撞笼子等各种反抗动作。一段时间后，狗发现自己根本无法反抗电击，于是只能不断哀号，甚至做出臣服性动作。最惊讶的是，到后来，当蜂鸣器响起时，即使笼子门是打开的，狗也不敢出去，只会窝在原地瑟瑟发抖。

塞利将狗的这种反应叫作"习得性无助效应"。随着研究的深入，后来许多心理学家发现，不仅是动物，人类身上也会经常出现这种现象：本来可以采取行动避免不好的结果，但认为痛苦一定会到来，于是放弃任何反抗。

习得性无助效应引起的直接结果就是孩子自卑、胆小、敏感、不自信，性格上有所缺失。那么，是什么原因导致孩子出现这种行为的呢？

1. 长期遭受外界打击

好奇是孩子的天性，一般情况下，孩子对很多不曾见过的事物都会感到好奇，并且会本能地去探索。不过很多时候，这种探索欲虽然很普遍却非常脆弱。

在孩子探索世界的过程中，如果经常有外人或家人训斥、嘲笑、讽刺，那么久而久之，很容易让孩子产生严重的心理焦虑，进而逐渐对同类事物产生畏惧心态。这样的孩子一般很没自信，他们不敢接受新事物，心理素质也比较差。

一次，豆妈带着小豆丁参加单位聚餐，很多小朋友见面的时候都会主动跟在场的人打招呼，只有一个小女孩例外。

小女孩长得可爱，但是不爱说话。妈妈把她推到人前，让她跟大家打招呼，她却一个劲儿地往后躲。她妈妈觉得不好意思了，便拽着小女孩说："你怎么那么笨，教了多少遍了还是记不住。"

孩子的内心是脆弱的，当他还没有能力或没准备好面对新事物时，家长如果施以语言暴力或压力，那么长久下来，孩子很可能会变得自卑、胆小。

他们并不知道父母每天工作有多辛苦，只知道父母经常骂自己笨；他们也不知道父母每天有多忙，只知道父母很烦自己，每天都一脸厌倦地看着自己。久而久之，孩子内心就会生出"我不行""我很烦人"的想法，越来越不相信自己，甚至讨厌自己。

近代儿童心理学家雷诺认为，惩罚只会让孩子产生畏惧心理，这比不成功更加可怕。如果孩子不断遭受消极评价，他们很有可能会产生"我本来就不行"的心态。

2.总是被拿来与他人比较

通常情况，大多数人都渴望得到别人的认可，希望能从别人的评价中获得自己的价值。如果孩子在生活中，没有获得足够"养分"，那么他们会逐渐变得不敢承认或不愿主动去发现自己身上的美好，而只会从自己身上找问题。

小豆丁的同学小叮当每次考试都是班里第一，并且每次都远超第二名很多分。有一次他因为只比第二名高1分就在班里哭了好久。小豆丁和其他同学都觉得好奇怪。

后来开家长会的时候，小叮当的妈妈看到他的成绩，狠狠地训斥了小叮当一番："你马上就要被超过了，怎么一点都不着急，你说你相貌不出众，做事也没有人家机灵，要是学习再不好，将来怎么办呀？"

"你看人家能做好，你为什么不能""小吴家的孩子考了100分，你看看你考了多少分"……很多父母总喜欢拿别人家的孩子和自己孩子做比较，并且习惯性地打击孩子。

在这种环境下，孩子一直得不到父母或身边人的认可，他们内心就会产生这样的想法：不管我有多努力，他们都不会满意，那么我为什么还要拼命？！这样下去，孩子可能对很多事都不愿再去尝试，即便尝试了也很容易放弃。

3. 心理暗示

很多孩子在多数情况下行为大方，自信满满，但在某个特定场景下却唯唯诺诺。比如孩子在单独跟别人相处时毫无异状，但对于集体活动却非常排斥。

其实，这种情况多半是因为这些活动或这件事给孩子留下了不好的印象，从而产生了心理暗示。他们或许在集体活动中，或具体完成某件事时表现不佳，因此而被别人嘲讽过，进而留下了心理阴

影。即使孩子知道下次活动可能不会失败，但他们仍然很难摆脱阴影。发展到后期，孩子可能还会暗示自己，这种活动自己根本不适合，它对自己而言具有"不可抗力"，这一问题无法解决。最终孩子选择了逃避。

教育方法：

1. 重建自信

对于孩子来说，信心的地位非同一般。研究显示，5 ～ 11 岁的孩子极度需要父母的认可。如果父母始终对孩子持有"我认为你肯定行"的态度，通常孩子就会因为责任感而自发性地努力。

如何帮助孩子建立自信呢？除了秉持积极的态度外，实际操作时还可以这样做：在合理范围内，家长放手让孩子去做他想要做的事情，无论结果如何，家长不要责怪或打骂孩子，而是要耐心帮助孩子分析原因。如果有条件，家长可以陪着孩子重新做一遍，结果不重要，关键在于让孩子在完成事件的过程中树立自信心。

2. 纠正错误观念

自卑的孩子内心深处都有一个跨不过去的坎儿，而帮助孩子跨过这道坎儿的关键就是让孩子知道，这道坎是可以战胜的。

首先，家长需要尽可能地陪伴孩子去做他畏惧的事情，让孩子知道这件事情并不可怕，并且即使做错了也不会有惩罚。最关键的一点就是，家长要帮助孩子战胜内心的畏惧心理。

3. 撕掉负面标签

如果孩子不愿意尝试新事物、新技能，此时家长千万不能给孩

子贴负面标签，比如"你真笨""你太懒了""你怎么这么差"等，这种影响下，孩子也会逐渐在内心给自己贴上这些负面标签。

当孩子努力去做一件事情却没有结果时，家长应该看到孩子的努力，并学会鼓励孩子，如"你是一个爱努力的孩子""你是一个不怕困难的孩子"等。

总之，家长应该给予孩子的绝不是负面标签，而是正面标签，让孩子能够有信心去克服困难。

孩子在成长过程中出现问题、遇到麻烦都不可怕，家长作为孩子的引导者，需要冷静下来，认真分析，陪伴孩子度过成长期的难关，用爱心和耐心帮助孩子建立自信，创造美好的明天。

提问背后隐藏着孩子的思考与探索

豆妈公司组织春游活动，豆妈同事小敏把她家孩子康康带了出来。一路上，康康不停地问问题。

"妈妈，为什么天空是蓝色的？"

"小草晚上会睡觉吗？它会和我们一样每天都吃饭吗？"

"妈妈，这个是什么？它的颜色为什么这么鲜艳？"

……

刚开始，小敏还饶有兴致地一一作答，但是面对康康的"轰炸式"问题，小敏渐渐变得不耐烦起来，有一句没一句地敷衍着康康。康康见妈妈不怎么理会他，干脆停在原地不走了。

小敏生气地对康康说："就是这样的，你别问了，你到底走

不走？”

康康不但不走，还坐在原地开始大哭。豆妈和其他同事赶紧过来哄康康，但康康却一直哭闹不止，小敏站在一旁不知道该怎么办。

一个问题要问很多遍，非要打破砂锅问到底，相信很多家长都见过这样的孩子。他们就像是一个行走的“十万个为什么”，总会把家长问得哑口无言。有的家长因为工作太累或者耐心不足，经常用责骂来停止孩子的发问。这种做法显然是有问题的，面对孩子一个又一个的问题，家长应该怎么办呢？

其实爱问问题非但不是一个坏习惯，反而是一个极其可贵的行为。细心的家长可能会发现，孩子在3岁以后就不再“百依百顺”，而是开始反抗，并且尝试去做一些不一样的事情。这个时期是孩子用语言表达好奇心的萌发期，也叫作逻辑思维敏感期。

这个时期的孩子比较喜欢问问题，这是因为他们已经不再满足于被动地接受知识，而想亲自挖掘更深层次的内容进而了解事物间的因果关系。可是，他们目前的知识经验还不能解答他们的疑惑，所以他们就开始不停地问“为什么”。

这种行为是孩子对这个世界做出的第一步探索，通过有效的问答，孩子既能客观地认识世界，同时也能发展思维能力。不仅如此，一个孩子问出的问题越深刻，说明他对世界的思考越多。因此，面对充满童心的问题，家长应当正确对待并积极回应。

有一个小男孩在读教材《后羿射日》时发现，前一段的"江河里的水都被蒸干了"和后一段的"蹚过九十九条大河，来到东海边"内容互相矛盾，于是他便向老师提出了质疑。虽然老师表扬了他，但是并没有给出答案。

于是，小男孩回家问了妈妈，妈妈同样答不上来。后来，小男孩的妈妈为了解答小男孩的疑惑，专门给教育部基础教育司、人民教育出版社打电话询问这个问题。没想到的是，人民教育出版社很快就这个问题给予答复，并发微博告知教材内容的确存在用词不恰当的问题，表明下一版教材会针对这个错误进行修正。

小男孩对教材产生疑问，他的妈妈并没有忽视小男孩的问题，也没有随意敷衍孩子，而是认真思考，通过各种渠道来帮助孩子解答问题，这种做法无疑是我们的榜样。

很多时候，家长都会觉得孩子总问问题是在抬杠，所以对孩子的问题不予理会。事实上，孩子之所以问问题，并且问很多，是因为他们的经验还很不足，而这些经验无法解释自己心中的疑惑，所以才会选择求助于大人。孩子提出质疑或者提出具体问题代表着他们在思考，思考的下一步则有可能是改变和完善，这样事物才有可能发展得越来越好。作为家长，不应该把注意力放在孩子不停追问问题这种行为上，而更应该关注问问题背后孩子思考能力的发展与培养。

面对"爱钻牛角尖"，喜欢打破砂锅问到底的孩子，家长应该

思考以下几个问题。

1. 孩子的问题要不要回答？

每个孩子天生都有求知欲，求知欲和学习兴趣是孩子智商发展的主要动力。很多家长因为工作等各种原因，总是对孩子的问题视而不见，甚至粗暴打断，这种做法不仅会摧毁孩子的求知欲，还会影响孩子的独立思考能力和自信心。

家长的回答对于孩子而言是一种激励，只有孩子得到了回应，他们在下一次提问时才会减少顾忌，更加主动和积极。因此，不管孩子的问题看上去有多幼稚、无意义，家长都要保持端正的态度，及时回应孩子的问题，让孩子感受到家长的重视。

2. 怎样回答孩子的问题？

很多学霸爸妈知识十分渊博，孩子随便一个问题都能应口而答。但这种秒答孩子问题的行为对于孩子来说并不是一件好事。

事实上，孩子提出的很多问题都是没有标准答案的，即使存在标准答案，也有很多条不一样的抵达答案的途径，这些都需要孩子亲自去探索和体会。如果家长经常秒答孩子的问题，对孩子没有进行启发和引导，这样反而会让孩子逐渐失去求知欲，慢慢养成遇到问题不去思考，只等现成答案的坏习惯。

那到底该怎样回答孩子的问题呢？家长应该尽量发挥孩子的主观能动性，利用孩子的好奇心，不断提高孩子自主思考和探索的能力。

小豆丁想自己用乐高积木搭一辆玩具车，他自己搭了好久终于把车搭好了，但是车子一直走不了。于是，小豆丁开始向豆爸"求救"。

　　豆爸没有直接帮小豆丁弄好车子，而是耐心地问小豆丁："你先自己检查一下车子都需要哪些部分，每一部分都安装好了吗？"

　　小豆丁乖乖检查了一番，发现所有的部分都安装好了，他告诉爸爸："爸爸，我检查完了，都安装好了。"

　　豆爸拿起车子看了看，发现小豆丁的前后轮不是平行安装的，他对小豆丁说："那你看一看车轮安装正确吗？你可以拿出以前的车来对比一下。"

　　小豆丁拿出之前的车子，仔细对照后发现原来问题出在车轮上，之后他把车轮拆下来，重新安装了一遍。安装完成后，车子果然能正常走了。

　　当孩子问"为什么"的时候，家长尽量不要直接把答案告诉孩子，这时可以告诉孩子："宝贝你真棒，都能想到这个问题，那么聪明的你能不能先说说自己的看法呢？"

　　如果孩子自己没有思路，家长可以引导孩子查阅相关书籍，或者引导孩子和同龄伙伴一起讨论，最后再给出明确答案。

　　很多时候孩子不是不愿意自己思考，而是不知道怎么思考。这种情况下，家长应当先对孩子进行启发，然后鼓励孩子从多个角度去观察和思考，引导孩子自己动脑筋解决问题，这样既能培养孩子

的试错、找错能力，也能提高孩子的逻辑思维能力。

3. 应该回答什么样的问题？

与成人相比，孩子的知识结构并不完善，会经常提出一些并不具有长期参考价值的问题，因此家长在回答时不一定要一一详细回答孩子的每一个问题，而是要仔细判断孩子的问题，有策略性地进行回答。

在日常生活中，家长通常需要重视以下几类问题：

（1）生活常识

当孩子问"饭前为什么要洗手""为什么只有绿灯的时候才可以过马路""我的身体为什么不能让别人看"等这类生活常识类问题时，家长需要耐心解答，这类问题不仅可以让孩子了解生活常识，还可以帮助孩子养成好习惯。

（2）情感类问题

"爸爸为什么生气了""弟弟为什么哭了"……当孩子问出这类问题时，家长应当帮助孩子分析身边人的情感，引导孩子建立正确的人生观和价值观，并与他人友好相处。

（3）科学知识类问题

"地球为什么是圆的""月亮和太阳一样大吗"……这类问题都属于科学类问题，可以帮助孩子建立正确的科学态度。因此，对待这样的问题家长一定要保持科学的态度，不能简单敷衍或者误导孩子。

（4）个人问题

"为什么我长不高""为什么不能把所有玩具带回家"这类问题属于个人问题，对孩子的价值建设有着很重要的作用。在回答这类问题时，家长要保持积极向上的态度，努力给孩子充满希望的回答。

总而言之，但凡是会影响到孩子人生观、价值观和世界观的问题，家长都不能轻易忽视，而要认真思考并耐心回答，这样才能帮助孩子建立正确的三观，促进孩子身心健康发展。

4. 如何应对孩子的"穷追猛打"？

前面我们已经提过孩子的问题并不都是有价值的，那么孩子的无理问题该如何回答呢？这时就要考验家长的智慧了，无论是转移话题还是反客为主，总有一种方法可以应对孩子。

如孩子纠结豆腐为什么叫豆腐这个问题时，家长可以采用转移话题的方法，这样回答孩子："什么豆腐？就是早上吃的豆腐呀，除了豆腐你还喜欢吃什么菜呀？"

还可以采用反客为主的方法，这样回答孩子："豆腐就是这个豆腐啊，你仔细观察一下，看看它是什么颜色的，又是什么味道的，摸起来感觉如何，观察完之后写一篇《观豆腐有感》怎么样？"

总之，在不伤害孩子的前提下，家长可以采用各种方法转移孩子的注意力，不让孩子一直钻牛角尖。

世界上很多伟大的理论都是由一个问题开始的。瓦特问"烧水时壶盖为什么会跳动"，后来发明了蒸汽机；牛顿问"苹果为什么

会落在地上"，后来发现了万有引力定律；达尔文问"人类从何而来"，后来得出了进化论。

爱因斯坦曾说："我没有特别的才能，只有强烈的好奇心。"总的来说，孩子爱问问题是好事，让孩子在问题中学会思考，学会独立探索，这才是家长教育孩子的最终目的。

第三章
行为培养 1：懂点心理知识，改变典型的"小魔王"行为

规则意识和积极社交改变孩子的 "窝里横，出门怂"行为

　　豆妈回家时，还没进门就听见小豆丁大喊大叫。豆妈进门一看，地上一片狼藉，地板上到处都是牙膏。小豆丁一边跺脚，一边不停地对奶奶喊叫。豆妈问了奶奶才知道，原来奶奶做家务的时候不小心碰掉了小豆丁的牙膏，随后又踩了两下牙膏，所以小豆丁才会大喊大叫，一直闹。豆妈为了转移小豆丁的注意力，把小豆丁带到楼下花园。豆妈说了几句小豆丁，小豆丁便委屈地哭了。豆妈只好先让小豆丁和其他小朋友玩会儿，可是刚才还在家里无理取闹的小豆丁突然安静了，一直躲在豆妈后面，不敢和其他小朋友一起玩。豆妈心想，小豆丁这种"两面派"的行为到底该如何改善？

在日常生活中，案例中豆妈遇到的问题具有普遍性。调查研究发现，很多孩子都有窝里横这种行为，而且独生子女尤为严重。这种行为通常有以下三种类型。

1. 主动抗拒。这类孩子在家里常常用"我不听""我不干""我就要"等强硬或否定词语宣示他们的主权，为了达到某种目的，他们经常会用发脾气、哭闹等方式"逼"家长妥协。

2. 消极对抗。遇到困难时闷闷不乐，解决问题时唯唯诺诺，或者故意拖延时间。做事过程中敷衍了事，或者故意把事情搞砸。

3. 脾气急躁，逆反心理严重。经常和家长反着来，让他往东他偏往西，不要他做什么他就非要做什么，甚至有时候还会故意毁坏东西，极力吸引家长的注意。

其实，孩子"窝里横，出门怂"这种行为并不能全怪孩子，其背后的真实原因值得家长反思。

首先，孩子只在家里发脾气主要源于家长无原则的爱和家庭中"无界限"的规则。

1. 无原则的爱

心理学家认为，父母的一味溺爱只会让孩子从父母身上学到两样东西：一是发脾气；二是只要自己坚持发脾气，父母迟早会妥协。

人的本性是趋利避害的，越是安全的环境，孩子越容易无拘无束，显露真性情。孩子敢在窝里横就是因为他知道，在家里父母可以无限宠爱他，他用窝里横这种行为不仅可以达到目的，而且还不会被惩罚。

用满满的爱"富养"孩子没有错，但是如果这种爱没有原则，很容易让孩子养成任性、自私的坏毛病。

2. "无界限"的规则

很多父母没时间教育孩子，生活中对孩子没有设定界限。孩子什么事情可以做，什么事情不可以做，所有这些都没有明确的界限。当发现孩子有一些坏行为时，家长当时会呵斥孩子，但是在孩子发脾气之后又会不了了了。长此以往，孩子发现做什么事情都不会受到约束，慢慢就形成了窝里横这种习惯。

其次，孩子"在外怂"可能与下面因素有关。

1. 缺少安全感

日本实业家、哲学家稻盛和夫曾经在自己的小说中说过，他小时候就是一个"窝里横"的小哭包，那时的他特别喜欢在家里撒娇，

但是只要一走出家门，他就特别胆小，比如上小学的第一天他必须一直看着妈妈，这样心里才会觉得安全，否则他就想跟妈妈回家。

稻盛和夫的这种经历和现在很多孩子的经历非常相似，这些孩子在家时享受着家长众星捧月般的待遇，俨如一个"山大王"。但是，一旦他们离开家庭跟其他人相处时，就很容易失去安全感。

因为家长不在身边，没有人可以提供贴身保护，所以孩子会觉得孤立无援，他们不知道怎么保护自己，也不知道怎样亲近他人，由此他们内心会产生受挫感。这时孩子的内心其实是非常孤独和害怕的。

2. 父母越俎代庖

豆妈曾经看到过这样一幕：一个小女孩想要玩秋千，但是两个秋千都已经有人在玩了。小女孩的爸爸看出女儿很想玩但又不敢上前，便直接走过去和荡秋千的小朋友说："你们可以先让小妹妹玩一会儿吗？"

生活中，有很多和小女孩爸爸一样的父母。他们总是忍不住替孩子出头，帮助孩子解决遇到的困难。然而，这种做法看似是解决了问题，但授人以鱼不如授人以渔，孩子在这种环境下永远学不会自己解决问题。

美国心理学家 M·斯科特·派克曾经说过："真正爱的本质之一，就是希望对方拥有独立的人格。"父母凡事都越俎代庖，替孩

子做决定，只能让孩子出门后越来越怂。在社交中，孩子需要自己去感受和判断认识别人的一言一行、事情的因果关系以及自己的情绪，进而选择自己应该怎么做。

如果孩子窝里横，出门怂，那么父母应该注意什么呢？

1. 建立明确的规则

无规矩不成方圆，家庭生活也是如此。家长可以给孩子制定家庭规则，并且严格执行。在执行过程中，即便孩子发脾气、哭闹都不能改变规则，或者降低规则的执行标准，否则只会适得其反。

小豆丁暑假常常在家玩游戏，豆妈一旦拿走手机，他就各种撒泼打滚、发脾气，豆妈每次都妥协，让小豆丁继续玩半个小时。一段时间之后，豆妈发现小豆丁不但玩游戏的时间越来越长，甚至在豆妈拿走手机时，小豆丁还会动手打人。

豆妈意识到，小豆丁玩游戏的规则虽然制定了，但是每次执行的时候豆妈总是妥协，这样下去只会让小豆丁越来越得寸进尺。于是，豆妈重新给小豆丁制定并强调规定，每天只能玩半个小时游戏。

一开始，小豆丁依旧尝试用大哭大闹、发脾气等手段让豆妈妥协，可是豆妈都狠心没有理会，坚持拒绝了小豆丁。就这样执行了一段时间，小豆丁逐渐接受了每天只玩半个小时这个结果。现在豆妈只要提醒小豆丁时间到了，他就会乖乖上交手机。

家长在和孩子共同商讨并制定规则后，中途不管孩子多么不情愿，也要严格执行，只有这样，孩子才会清楚家长的底线："窝里横"对家长是没有用的。当孩子明白这一点后，他才会慢慢改掉"窝里横"的坏毛病。

另外，父母要明白，真正的爱并不是单纯的给予，还包括适当的拒绝、得体的批评、必要的鼓励和有效的督促。针对孩子的不良行为制定明确清晰的行为规则，并严格执行，这样孩子才会成长得更好，这才是对孩子真正的爱。

2. 引导孩子表达情绪

情绪是人类与生俱来的东西，每个人都有心情不好的时候，孩子也一样。只不过成人会有意识地去管理自己的情绪，而孩子表达能力有限，所以他们有时候只能依靠哭闹、撒泼这些行为来表达自己的情绪。然而，这些"窝里横"的行为很容易影响孩子的心理发展，致使孩子的情绪表达能力和沟通能力落后于同龄人。

家长应该尽可能帮助孩子理解自己和他人的情绪，并且学会思考自己的感受，考虑自己的做法会带来什么样的后果。当孩子发脾气时，家长不要直接阻止，而是先要理解和接纳孩子的情绪，在此基础上坚持原则。这样既可以让孩子的情绪得到宣泄和疏导，还可以让孩子明白发脾气是不会达到目的的。

3. 创造社交的机会

环境的体验和见识的积累都能让孩子在公共场所不再胆怯，变得越来越大胆。家长平时可以经常带孩子参加一些聚会，比如亲子

故事会、亲子游戏活动等。久而久之，孩子的社交能力就会慢慢得到提升，"出门怂"现象最终也会变得无影无踪。

没有天生的"坏孩子"，只有后天不会教的家长。面对孩子的"窝里横，出门怂"行为，家长若可以不宠溺，既能在必要时给予孩子关爱，又能在关键时刻制定严厉的规则来规范孩子的行为，另外还能有意识地引导孩子积极社交，那么孩子便会均衡发展、健康成长。

增强语言能力，重建安全感，"打人"小孩变乖巧

豆妈带着小豆丁到楼下玩，小豆丁看到刚搬到这个小区的淘淘，想要和他一起玩。小豆丁兴奋地跑过去想要和淘淘拉手，一起去玩滑滑梯。可是，小豆丁刚伸出手，淘淘便不由分说地推开小豆丁，并且还想抬手打小豆丁。

淘妈看到后，一把攥住淘淘的手，呵斥道："跟你说过多少次了，不要打人，你怎么听不明白？"淘淘大哭，坐在地上不肯起来。

淘妈面露难色，对豆妈说："不好意思，我家孩子总是喜欢打人，说了好多次了都不改，我都拿他没有办法了。"豆妈笑着说："没事，都是小孩子，打闹很正常的，还是先哄哄孩子吧，看哭得

都成小泪人了。"淘妈不好意思地笑了笑，然后把淘淘带回家了。

很多家长反映，孩子非常喜欢打人，生气时会打人，高兴时也会打人，有时不仅打人还咬人，不管是别的小朋友还是家里人，孩子一有情绪谁都打。面对孩子这种打人行为，家长该怎么办呢？

孩子的每一个行为背后都有着不为人知的心理原因，打人这一行为背后又有着哪些深层次原因呢？其实，孩子很多时候之所以会打人是因为他还没有学会如何和别人相处。

行为成因一：语言表达能力较差

心理学研究表明，幼儿遇到问题时在思维方面具有直觉行动思维的特点，也就是幼儿大多是通过直接感知和自身活动来思考问题的。随着孩子逐渐长大，语言能力逐渐提高之后，孩子的思维调节能力才会有所提升，这时孩子会自己思考并尝试用语言去解决问题，而当孩子遇到无法用语言表达自己想法的情况时，有的孩子仍会选择打人、咬人这种方式来表达自己的想法。

对于4岁以下的孩子来说，他们的语言能力比较差，当和其他人发生冲突时，他们通常会采用"动作"的形式来表达自己的情绪和想法，所以解决问题的关键还是提升语言能力。

教育方法：

1. 多和孩子沟通交流。面对语言能力比较弱的孩子，家长需要和孩子多沟通交流，有意识地让孩子多说话。如每天回家可以和孩子互相分享一天中印象深刻的事情，交流互动中提升孩子的沟通表达能力。

2. 锻炼孩子的语言表达能力。在锻炼孩子语言表达能力的过程中，家长要及时纠正孩子的问题。当孩子说话清楚一些的时候，家长要及时表扬孩子。除此之外，还可以让孩子练习绕口令等游戏，以此来强化孩子的发音。

家长平时在和孩子说话时要心平气和，放慢语速。做任何事之前先让孩子说出自己的想法，并耐心倾听他们的想法，这样久而久之，他们才更愿意主动去表达。

3. 引导孩子用语言解决冲突。很多家长在孩子和其他小朋友发生冲突时，第一反应就是伸出援手帮助孩子解决问题，这一做法不仅不利于孩子改掉打人的毛病，还会让孩子养成一遇到困难就伸手求助家长的习惯。

在遇到问题时，家长可以鼓励孩子通过语言协商的方式来解决，

不要怕孩子受到伤害而包办或者代替孩子解决。比如孩子想玩别人的玩具，别人不同意，他就上手去抢。遇到这种情况时，家长可以用语言引导孩子："这个玩具不是你的，你想一想怎样和玩具的主人说，对方才愿意把玩具分享给你？"这样引导既有利于解决孩子之间的矛盾，还能让孩子学会正确的交往方式。

4.引导孩子学会正确表达情感。家庭环境对孩子表达情感的方式影响很大，所以家长要想让孩子学会正确的情感表达方式，首先自己要给孩子树立好的榜样。如孩子表现比较好，家长可以有意识地抱抱孩子或抚摸孩子，告诉他这是家长向他表达爱的方式，或者拉拉孩子的手，告诉孩子打招呼应该这样，接受别人帮助后要说"谢谢"等。

行为成因二：内心存在不安全感

英国著名的精神分析学家温尼科特认为，父母的爱是儿童应对外部世界挫折的内心力量源泉。如果孩子和父母之间的互动存在很多问题，孩子会感到失去了应对挫折的支撑力量，心中会因此不安，进而便有可能会出现一些类似打人的过激行为。

在儿童成长阶段，他们还没有足够的能力去独自面对生活。这个阶段父母如果不能陪在孩子身边，陌生的外部世界会让孩子产生强烈的不安全感。因不安全感而产生的过度防御表现为攻击他人、易把他人中性的意思理解为敌意等，这些都属于孩子对自我安全需要的过度补偿行为。

儿童的内心世界非常细腻、微妙，在整个儿童时期，父母构筑

了他的整个世界。即使随着年龄的增长，孩子会慢慢自己探索这个世界，但是他们还是会需要时不时地逃回父母身边寻找支持。

这就如同刚学走路的孩子，虽然走的时候跌跌撞撞，迫不及待地想去看看世界，但是他们总会时不时回头看一看父母。如果父母一直关注着自己，他们才会继续大胆向前走。如果父母转移视线，孩子就会产生害怕、恐惧的心理，进而不肯继续探索世界。

教育方法：

1. 帮助孩子重建安全感。孩子的社会化主要是在与同龄小伙伴的游戏中实现的。但在与小伙伴玩耍的过程中，孩子同样需要父母在身后陪伴，做他们的"后盾"。因此，家长在孩子儿童时期应当多陪伴孩子，不应该让孩子"过早"独立。

2. 做共情能力高的父母。共情是心理学上的一个名词，用来表示同伴、师生与亲子之间情感上的相互沟通和理解。在孩子出现打人或其他攻击行为时，家长不应该一味地指责孩子，而是先要站在孩子的角度去理解孩子的情绪。如家长可以温柔地对孩子说"宝贝，妈妈知道你现在心情很不好"等话语，以此来缓解孩子的情绪，在此基础上再与孩子进行沟通，并一步步疏导，直到问题解决为止。

孩子打人这种行为固然不对，但作为家长，最重要的是读懂孩子打人背后的心理原因，帮助孩子改变这种坏行为，进而促进孩子身心健康发展。

旺盛的好奇心、较低的关注度让孩子变成了"破坏大王"

　　小豆丁最近总爱搞破坏，不是把沙发罩、床单掀掉，就是把玩具都拆成一堆零件，甚至豆爸的平板电脑都被小豆丁搞坏了。豆爸特别生气，每次都想好好"教训"小豆丁，可是豆妈都以小豆丁这是在创造为由，阻止豆爸"修理"小豆丁。豆爸无奈，心想：小豆丁怎么这么爱搞破坏？

　　不知道你家里是否也有一个"破坏大王"，他们经常会把好好的东西弄坏，看见别的小朋友玩玩具，要么就想尽办法得到它，要么就直接毁掉玩具，甚至稍不顺意就发脾气，砸坏东西。

很多家长对于孩子这些搞破坏的行为火冒三丈，更甚之认为孩子就是在成心捣乱。那么到底是什么让孩子变成了"破坏大王"呢？

旺盛的好奇心促使孩子不停去探索

小豆丁小时候对什么都好奇，他会在墙上随便涂鸦，有时候还会把垃圾筐倒过来，或者拿着豆妈的口红在床单上到处乱画。豆妈现在和小豆丁说起来都觉得特别崩溃，小豆丁知道后对豆妈说："妈妈，不要怪我，那时候我只是对任何东西都很好奇，都想亲自尝试一下。"

在儿童时期，孩子对这个陌生的世界充满了好奇，并且求知欲也很强，他们看到什么都想亲自去"检查""试验"一番，想要一探究竟。比如总想弄明白电视机里是不是有会说话的小人儿，不停

转动的钟表里面到底装了什么等。

好奇心对孩子来说非常重要，它不仅是孩子与生俱来的学习能力，而且还是孩子探究世界的动力和创造力的源泉。在这个阶段，孩子的大脑需要不断地得到新信息的刺激，只有满足了他的好奇心，他才会从中学到新东西，进而促进大脑发育。

家长要注意的是，对于孩子的"捣乱"行为，千万不要一直斥责孩子，如果经常对孩子发火和训斥，很容易让孩子养成做事畏首畏尾、胆小怕事的性格。

教育办法：

第一，保持平静的态度。要知道，因为好奇心而搞破坏是一种"无意破坏"，责任不在孩子的动机上，而在发育不成熟上。孩子在搞破坏时，家长要容忍孩子的行为，保持平静的情绪和态度，这样孩子才会把注意力放在他的探索行为中，而不是家长的情绪中，孩子的专注力也因此得到了保护。

第二，巧妙地选用替代品让孩子"破坏"。在好奇心比较旺盛的时期，家长可以选择一些替代品让孩子"破坏"。如孩子喜欢乱涂乱画，就专门找一个图画本让他随便画；孩子爱拆东西，就找一些不用的手机、闹钟，让他放心大胆地拆。

第三，给孩子充足的时间。孩子专心致志"搞破坏"时，家长可以给他充足的时间，让他沉浸在"破坏"行为中，这样不仅会培养孩子的注意力，也有助于提升孩子的探索能力。甚至家长可以专门找一些可以用来"破坏"的东西，和孩子一起"搞破坏"，在和

孩子互动过程中，启发孩子思考，和孩子共同分析解决问题，以此来实现亲子共同成长。

孩子想通过"搞破坏"来吸引大家注意

今天的作业比较难，但是小豆丁不一会儿就把所有的作业都做完了。他兴奋地告诉豆妈："妈妈，你快来看，我今天的作业做得特别好！"可是，豆妈在厨房忙碌，没有时间理小豆丁。小豆丁一气之下，把妈妈最爱的发财树叶子都揪下来了。豆妈看到后气得不得了。

孩子不仅需要满足吃饱、穿暖等物质上的需求，精神上也需要得到呵护。特别是当孩子取得进步时，如果不能及时得到他人的肯定，孩子就可能会提出"抗议"，最常见的方式就是破坏家长看重的东西，其目的是告诉父母：你不关注我，我就搞破坏。

所以当孩子表现不错时，要及时给予回复。即便自己比较忙，也要向孩子简单说明原因，并对孩子的表现做简要回复。

模仿大人

豆爸的电脑坏了，豆爸用工具拆开电脑的机箱开始修理电脑。小豆丁看着豆爸忙得不亦乐乎，也从工具箱里拿出螺丝刀，在豆爸的平板电脑上一阵敲打。豆爸听到声音赶紧出来制止，可是平板电脑的屏幕已经被小豆丁敲坏了。

孩子天生就爱模仿，模仿是孩子成长学习的一个重要途径。在

家里，爸爸妈妈是孩子的首要模仿对象，但是由于孩子能力有限，满心期待能够受到表扬的行为反而是父母眼中的"搞破坏"。

教育办法：

既然孩子造成的损失已经没有办法挽回，家长斥责孩子也于事无补，有时过激情绪反而还会吓着孩子，所以家长不妨克制自己的情绪，给孩子一个友善的表情。

然后，家长可以趁此机会，耐心地告诉孩子电脑的正确修理方法，避免孩子以后再使用错误的方法修理东西，并提醒孩子他们还小，并不是所有的事情都可以独自去尝试，做事前最好与父母沟通好，尽量在父母的指导和帮助下完成。

逃避情绪

小豆丁刚上学的时候，豆爸豆妈天天都要被老师请到学校。老师告诉豆爸豆妈，小豆丁每次一到上课就开始各种踢凳子、掀桌子、打人，班里没有一个同学愿意和他同桌。豆爸豆妈每次都要向老师道歉，然后把小豆丁"拎"回家教育一顿。

孩子在学校里"搞破坏"，多半是想通过"搞破坏"这种行为逃避学校这个环境。出现这种情况时，家长应该好好反思孩子逃避上课的原因，比如课程太难，与老师同学关系不好，上课过程中孩子有过负面经历等，这些原因都是解决问题的关键。

教育方法：

1. 帮助孩子适应课程。如果是课程本身太难或太简单，孩子无

法适应，家长可以与老师沟通，让老师多关注孩子的学习情况，以便孩子能够顺利适应课程。课下，家长也要多抽出一点时间帮助孩子解决学习上的困难。

2. 帮助孩子疏导情绪。如果孩子因为老师或同学的关系，在学校的人际关系比较差，那么家长应该和老师进行沟通，分析是什么事件或者什么人让孩子产生抵抗情绪，接着针对具体事情与孩子沟通，帮助孩子疏导情绪。

3. 给予孩子足够的关注。有些孩子时刻都想得到别人的关注，如果在课堂上得不到关注，他就会采用砸东西、故意弄出声响等行为引起老师的关注。因为对孩子来说，老师的责备也是一种关注方式。针对这种行为，家长可以和老师沟通，在上课过程中给予孩子足够的关注，比如孩子认真听讲时，老师当众表扬孩子，逐步培养孩子养成课堂好习惯。

作为家长，其实不需要为了孩子一时的"破坏"行为大动肝火。教育孩子的过程不是一帆风顺的，在孩子成长过程中，家长是重要的引导者。我们要让孩子明白哪些是好行为，哪些是不良行为，并引导孩子学会控制并改变自己的不良行为，养成好的行为习惯，在此基础上健康快乐地成长。

小孩随手拿别人东西便是"偷"吗

　　晚饭做好了，豆妈叫小豆丁吃饭，可是叫了半天，小豆丁都没有出来。豆妈进小豆丁卧室一看，他正在玩一个魔方。

　　豆妈疑惑地问："小豆丁，这个魔方哪儿来的，之前怎么没有见过？"

　　小豆丁一边低着头摆弄，一边不耐烦地回答道："下午去姑姑家玩，在姑姑家拿的啊！"

　　"那你告诉姑姑了吗？"豆妈着急地问。

　　"没有，我自己放进包里带回家的。"小豆丁头都没有抬，理直气壮地说道。

　　豆妈沉默了一会儿，有点生气地告诉小豆丁这样做是不对的，

没经过别人同意就拿东西不叫"拿"叫"偷"。小豆丁听完，一脸委屈地望着妈妈，嘴里嘀咕着："我没偷啊，姑姑对我那么好，她肯定会同意我拿这个魔方的。"

豆妈看着小豆丁委屈的模样，心里有点着急：小小年纪，怎么就养成了偷东西的坏习惯了呢？

孩子经常乱拿东西，甚至偷拿家里的钱，很多家长经历过这种事情。孩子为什么会偷东西，怎样才能改变这种坏习惯呢？

心理学家认为，偷拿东西这一行为很可能与"紫格尼克效应"有关。"紫格尼克效应"是心理学家布鲁玛·紫格尼克提出的，它是指一个人为了满足自己的企图，内心产生一种使自己去完成某一个行为的驱动力，比如获得心爱之物、解答一个谜语、读完一本书等。

任何人都有满足自己需要的愿望，并且内心总会有一种驱动力促使自己去完成某一个行为。如果人们的需要没有被满足，那么内心就会产生一个"心理张力"，这种"心理张力"会促使人们采取各种手段来满足自己的内心需求。

孩子的偷拿行为背后很可能就是这种效应在起作用。不过很多时候，孩子"偷东西"多半出于自己内心喜欢或好奇，从根本上讲，他们并没有产生真正去"偷"的欲望，或者说他们也许都不知道什么叫偷，因此我们不能轻易给孩子贴上"偷"的标签，而要首先弄明白孩子"偷"东西的背后原因。

行为成因一：缺乏物权意识

6岁以下的孩子对物品的所有权没有什么概念，这个阶段他会认为世界是以他为中心的，因此他的脑海中只对"我的"概念比较明确，而对"你的""他的""大家的"这些概念比较模糊。

他们很大程度上不能很好地区分自己的东西和别人的东西，甚至即使知道是别人的东西，也会因为自己想要而不考虑东西是否属于自己就想拥有，于是就有了经常随便"拿"别人东西这种行为。

行为成因二：吸引别人注意

如果孩子缺乏关爱，为了吸引别人的注意，他们便会去拿不属于自己的东西，或者向别人炫耀"偷拿"的东西，以此来获取别人的关注。如爸妈忙于工作没有时间关注他，他就会故意拿走别人的东西，故意给家长找麻烦。

通常10岁以上的孩子会为了获取别人的关注而故意"偷拿"东西，6岁以下的孩子几乎不会因为这一原因而去"偷拿"。

行为成因三：强烈的占有欲

当孩子对某一事物产生了强烈的占有欲，而又没有办法使用正当手段得到时，孩子可能就会采用偷拿这种方法。

行为成因四：寻求冒险刺激

还有一部分孩子心里其实没有"偷"的概念，他们只是觉得自己拿了别人的东西，只有自己知道别人不知道，这种事情对于他来说非常刺激和神秘。尤其是对于好奇心比较重的孩子来说，他们可能更会以这种方式来寻求冒险，享受这种刺激感。

那么，当孩子随便拿别人东西时，我们到底应该怎么办呢？

面对"偷"东西这一行为，家长首先要判断孩子是"无意"的还是"故意"偷，这一点家长可以通过孩子的行为举止来进行判断。

如果孩子不管有人没人，看到东西就拿，拿完也不遮遮掩掩，对自己的行为"视而不见"，就像在拿自己的东西，通常这种情况属于"无意"偷，这时孩子的大脑里没有"偷"的概念，只有"拿"。

如果孩子经常趁别人不在或者不注意的时候偷偷"拿"，拿到之后行为举止不自然，说明他们内心已经有了道理意识，这种"拿"其实是"故意"偷的行为。

其次，针对不同年龄阶段的孩子，家长需要使用不同的教育方法。不同年龄段的孩子心理发展各不相同，家长需要针对每个阶段的特点，采取不同的措施。

前道德阶段

2～5岁的孩子处于前道德阶段，这个阶段的孩子"自我中心"

意识比较强，他们缺乏从别人角度看待事物的能力。在与他人相处时，他们看到喜欢的玩具会直接拿，即使在别人手里也会"抢"，所以这个阶段的孩子经常会做出"无意"偷的举动。

面对这个阶段的孩子，父母要有意去培养孩子的物权意识。平时在家里父母可以和孩子一起进行"所有权"的确认，比如哪些是他的私人物品，哪些是妈妈爸爸的私人物品，哪些是公用物品。

还要告诉孩子，私人物品如果没经过本人允许是不能动的，也就是要先问再拿。孩子的东西也一样，没经过孩子允许，爸爸妈妈也不能随便动玩具，甚至把玩具送给别人。

当孩子主动与他人分享玩具或食物时，家长还要及时表扬和鼓励孩子，强化孩子的分享行为，这样孩子就能很快建立起所有权意识，在此基础上尊重他人，并规范自己的行为。

他律道德阶段

6～8岁的孩子处于他律道德阶段，这个阶段的孩子已经可以判断基本的对错，懂得不能随便拿别人的东西。"故意"偷东西这一行为在这一年龄段的孩子中较为常见。

在他律道德阶段，家长要拿出"权威"帮助孩子建立道德规范。对此家长可以给孩子做一份简单的道德规范表，让孩子知道什么行为值得赞赏，什么行为需要改正，让孩子对道德有一个基本的认识。

在这个阶段，孩子如果出现偷东西行为，父母最好问清原因，再根据具体情况进行教育。通常这个阶段的孩子之所以会选择偷东西大多是因为缺乏导致的，这种缺乏可能是物质上的缺乏，也有可

能是精神方面的缺乏。

小小道德规范表

我要做	红星星	我不要做	黑星星
进房间要敲门		私自进入别人房间	
拿别人东西前询问别人意见		随便拿别人东西	
自己攒钱买玩具		抢小朋友玩具	
自己攒钱买零食		不买零食就哭闹	
借别人东西及时归还		借别人东西不还	
爱护公共设施		随意破坏公共物品	
保护别人的隐私		打听别人的八卦	
勤俭节约，不攀比		同学有的我也要有	
诚实守信，不撒谎		拿了别人东西不承认	
……	……	……	……

心理学家阿尔弗雷德·阿德勒曾说过偷窃者想拥有的更多，越多越有安全感。当孩子看到别的小伙伴有他没有的玩具或零食，或者家长满足不了他的内心需求时，他们便会采取"偷"的方式来获取满足感和安全感。

这种情况下，父母先要跟孩子沟通，听听孩子的想法，表示能够理解孩子的感受，然后表明态度，告诉孩子没经过别人同意擅自拿人东西是不对的。如果方便，家长要尽快让孩子把偷的东西还回去，并为他的错误行为道歉，获取对方的原谅。此外，家长可以告诉孩子，如果想要拥有这个东西可以怎么做，比如向别人借，自己攒钱买，跟妈妈沟通等。

自律道德阶段

8～10岁的孩子已经进入初步的自律道德阶段，他们内心已经有了一套基本的道德规范。这个阶段的孩子如果出现偷东西行为，家长千万不能采用"审问犯人"的方式来提问孩子，或者强逼孩子认错道歉，这样不但会伤害孩子的自尊心，还有可能导致孩子出现敌对情绪。

要想让孩子主动承认错误是有条件的。一方面，孩子要有足够的勇气，另一方面，孩子从家长的态度中可以感知到自己的行为能被原谅或宽容。解决问题时，家长应当选择温和沟通，先弄清孩子偷东西的原因，然后再对症下药。如若能不捅破最后一层纸，有技巧地让孩子将东西物归原主，那是再好不过。

有一位妈妈有两个孩子，一个8岁的女儿和一个12岁的儿子。一次，兄妹俩想买一只新手表，哥哥便从妈妈的钱包里面偷拿了两张100元，并把其中一张100元给了妹妹。妈妈发现钱少了之后，猜测可能是孩子拿的。

于是，妈妈在吃饭时故意对孩子们说："我钱包里好像少了200元，我们家里是不是有小偷进来了，这真是一件让人担心的事情。"兄妹俩听完低头不语，妹妹神情很紧张，妈妈知道她的想法是对的。

后来，妹妹胆小，偷偷把100元放回了妈妈的钱包里面。妈妈

知道后，笑着对他们说："上次我好像弄错了，我只丢了 100 元。我觉得肯定不是家里人拿的，不然我们找警察帮忙吧！"

妹妹听后看了看哥哥，哥哥没有说话，下意识地咬了下嘴唇。接着，哥哥趁妈妈做饭的时候，也偷偷地将 100 元放回钱包。

事后，妈妈对孩子们说："哎呀，妈妈上次数错了，我的钱没有少，我真是太糊涂了。"兄妹俩听完后，坦然地笑了。从此，家里再也没有丢过钱。

家长的教育方式决定了孩子的性格和行为习惯。当孩子偷东西犯错时，如果家长粗暴对待，孩子也会变得粗暴，家长宽容对待，孩子也会学会宽容待人，并感恩家长的宽容。

约翰·梅迪纳说过："如果家长在训导时能让孩子感到充满爱意的关切，那么道德的种子就更有可能在他们幼小的心灵里生根发芽。"当你发现孩子偷东西时，比起谴责打骂，充满爱意的关切更容易让孩子改变不良的行为习惯。

爱抢东西、拒绝分享就意味着
自私、小气、抠门吗

　　邻居家的阿姨带着4岁的小妹妹来做客，小豆丁陪小妹妹玩得不亦乐乎。临走的时候，小妹妹非要把小豆丁最喜欢的毛绒玩具带回家。小豆丁舍不得把玩具给小妹妹，小妹妹便上手硬抢，还打了小豆丁。

　　阿姨见此，赶紧把小妹妹拉回，并呵斥小妹妹向小豆丁道歉。小妹妹看到妈妈生气的样子，哇一声哭了，一边哭还一边不停地跺脚。阿姨见此情景，苦恼地对豆妈说："唉，我怎么生了这么一个自私的'小霸王'。"

很多家长反映，自己的孩子很小气，不愿意分享，一旦别的小朋友把他的玩具拿走，他就又哭又闹，不仅如此，凡是他看上的东西必须得到，别人不给他就硬抢，简直就是一个自私自利的"小霸王"。

孩子爱抢东西、拒绝分享就意味着孩子自私、小气、抠门吗？绝对不是！<u>孩子占有欲强其实是成长过程中的一种正常心理，我们不能简单地将这种心理归结为自私自利。</u>

蒙台梭利曾说过："一个正常的儿童会自由地选择自己感兴趣的事物，但他并不把注意力集中在事物本身，而是集中在事物所包含的知识上。"

<u>孩子的占有欲是一种占有事物本身的欲望，但他们的真正目的并非想要占有，而是想要去探秘解惑。</u>比如是因为想要了解这个玩具怎么玩，所以才想占有这个玩具。一旦孩子了解了这一玩具的玩法，他们便很有可能将玩具抛至一边。

再者，孩子的占有欲与他们的心理发展有着很大关系。不同年龄的孩子，他们的心理发展状况不同，自然其内心需求也不尽相同。

在1岁之前，孩子基本处于个体活动阶段。他们在与别的孩子交往时，经常会出现不打招呼就拿走别人东西的情况，有时他们也会将自己的东西主动递给别人，这属于这一年龄段孩子独特的交往方式。这个阶段，他们不会感觉拿走别人的东西或者被别人拿走东西是一种冒犯。

1～3岁的孩子有了一定的自我意识，他开始有"我的"意识，

但还分不清"你的""他的"，这个阶段属于孩子的物权敏感期，他们的行为几乎都是为了捍卫自己的权利。在这个阶段，孩子会认为只要是他喜欢的东西，他都可以伸手去拿。

3～5岁的孩子开始有了社交意识，他们在与同伴交往时会产生分享行为。这个阶段他与同伴的分享会让他感到愉快，进而更乐于在伙伴之间进行分享。

5岁的孩子处于一个"幼儿未满"的年纪，在这个不上不下的年纪，孩子的自主意识和占有欲会越来越强烈，他们对于自己的心爱之物会产生一直占据的想法，一旦这种想法被打破，他们就会感觉自己受到了侵犯，进而用一些抵抗行为来反抗。

总的来说，孩子的占有欲主要表现在两个方面：一是物质方面的占有欲，认为"什么东西都是我的"；二是情感方面的占有欲，认为"所有人都要围着我转"。

在物质方面，占有欲比较强的孩子会认为，他喜欢的东西都是他的：自己的玩具绝对不会与别人分享，还会偷偷藏起来；当别人占有他的东西时，他甚至还会用激烈的行动保护自己的物品；总是对他人的玩具感兴趣，当别人拒绝他的要求时，他会不开心或哭闹，甚至不惜一切代价去抢夺；对于公共物品，只要自己看上了就要带走，不给就哭闹不休等。

在情感方面，占有欲比较强的孩子有很强的领地意识，想要独占自己喜爱的人：喜欢黏着父母，父母走到哪就要跟到哪，一旦父母离开自己的视线就会产生不安全感，变得十分焦虑；看到自己的

朋友和新朋友玩耍，或者朋友和别人比和自己亲密，就会产生醋意；父母不能抱其他孩子，不能对其他孩子好，不能和其他孩子有亲密行为等。

专家指出，随着孩子年龄的增长以及家长的教育，孩子强烈的占有欲会逐渐减少或消失，但是如果孩子在道德规范建立后，还频繁出现争抢或者拿别人东西的行为，家长就要给予足够重视了，否则这种占有欲会更加强烈，长此以往，孩子可能会变得自私、爱占小便宜，甚至丧失自我。

教育方法：

1. 抓住黄金时期

当孩子开始说"我的""我要"这些词语时，说明孩子已经开始建立自我意识，这个阶段是教育孩子的黄金时期。孩子在建立自我意识的过程中，既有可能养成好习惯，也有可能养成坏习惯，所以这个时期家长需要给予孩子更多的引导和教育，尽可能帮助孩子培养良好的行为习惯。

2. 鼓励但不强迫

家长应该鼓励孩子学会分享。不过，这种分享绝不能强迫，而是要耐心地劝解孩子，让孩子懂得分享的意义，进而主动去分享。

小豆丁家的玩具太多了，豆妈决定把多余的玩具捐出去，送给其他小朋友。小豆丁听到这个决定特别不高兴，对于他来说，每一件玩具都是他的心爱之物，他一件也舍不得捐出去。

豆妈看着闷闷不乐的小豆丁，温柔地告诉小豆丁："宝贝，你的玩具真的太多了，况且你之前不是说并不怎么喜欢这些玩具吗？如果我们把这些玩具捐给其他小朋友，那些小朋友肯定特别开心，而且他们也会感谢你的。不过，玩具是你的，最终的决定也需要你来做，你如果不同意，妈妈也不会强迫你捐的。"

小豆丁听完若有所思地想了好一会儿，他觉得好像把玩具捐出去更好一点。于是，小豆丁郑重地告诉妈妈他的决定，然后和妈妈一起开心地整理起了玩具。

3. 明确物权概念

很多孩子喜欢抢东西、不愿意与别人分享是因为害怕失去，针对这种情况，家长可以帮助孩子明确物权概念，认识"我的""他的""公共的"这些概念间的区别。

"我的"东西属于自己，有绝对的掌控权，孩子可以选择与小伙伴分享，也可以选择不分享，没人能强迫孩子；"他的"东西属于别人，别人有捍卫自己物品的权利，如果孩子想玩别人的东西，别人也有权利说不；"公共的"东西属于大家，任何人不能独占，孩子要遵守先来后到的顺序，和别人轮流玩耍。

如果孩子坚持霸占东西或者抢夺别人的东西，家长需要让孩子知道物品即使送给了别人或者自己再买一个也不会变样。

比如自己喜欢的魔方让别的小朋友玩一会，它依旧是个魔方，并不会缺少什么。又如孩子喜欢别人手中的巧克力，父母可以回家后拿出自己家的巧克力，让孩子自己品味，懂得自己可以买到和别人一样的东西。

这样做，孩子才能明白分享并不会让他缺少什么，进而也会慢慢减少对物品的占有欲。

4. 教会孩子使用交换法

如果孩子占有欲特别强，让他分享时他的情绪会非常激动，那么家长可以教给孩子通过交换玩具和物品来满足孩子的好奇心，防止孩子保持独占心理。比如孩子非常想要别人手里的东西时，家长可以引导孩子拿着自己的东西，用商量的口吻和别人一起交换玩耍。

交换法既可以让孩子与别人分享玩具，又能让孩子在玩乐中理解分享的重要性，慢慢帮助孩子改善强烈的占有欲。

此外，家长还可以鼓励孩子和其他小伙伴玩一些合作类的游戏，比如搭积木、传球、跳舞等。这种合作类的小游戏能让孩子感受到

合作的快乐和美好，获得满足感，逐渐变得愿意分享。

5. 家长以身作则

除了帮助孩子培养物权意识，明确规则之外，家长平时的教育也很重要。

首先，家长要多陪伴孩子，多与孩子沟通。当孩子出现抢东西的行为时，家长要冷静分析其中的原因，温柔疏导孩子，通过恰当的方式让孩子理解分享的意义，比如给孩子看一些关于分享的绘本、动画片等。在此过程中，最重要的是不仅让孩子知道对错，更重要的是让孩子知道如何正确去做，如何做得更好。

其次，家长要起到表率作用。日常生活中，家长可以利用自己分享的小行为潜移默化地感染孩子，引导孩子学习分享。如买来好吃的要分享给全家人，不能只给孩子一个人。

总之，面对孩子的占有欲，家长不能一味地批评压抑，应当以身作则，用爱去对待孩子，让孩子在爱中成长。长此以往，孩子也会成为一个有爱、懂得分享、无私的人。

了解撒谎背后的原因，理解包容孩子，才能真正杜绝撒谎

豆妈陪小豆丁参加学校活动，玩完游戏后，老师开始给孩子们发零食。每个小朋友都可以拿一个果冻，但是小豆丁手上却有两个果冻。豆妈问小豆丁怎么回事，小豆丁说是老师给他的。豆妈私下了解了一下，老师并没有给他，是他自己看到有一堆果冻，就多拿了一个。

回家后，豆妈心平气和地问小豆丁："宝贝，大家都只拿了一个果冻，为什么你要拿两个呢？"

小豆丁羞怯地说："没有啊，真的是老师给我的。"

豆妈拍着小豆丁的背，轻柔地对他说："可是妈妈已经问过老

师了，老师说没有多给你呀。宝贝，你别怕，你跟妈妈说实话，妈妈不生气。"

小豆丁搓着衣角，小声地说："其实，其实我就是很喜欢吃这个果冻，就多拿了一个，但是我怕妈妈和老师骂我，所以我不敢说实话。"

为什么孩子会撒谎？很多家长都有这样的疑虑。实际上，在幼年时期撒谎是一种很正常的行为，当孩子开始撒谎的时候，家长其实应该心下窃喜，因为这意味着孩子又成长了，他们开始有自己的想法了。

儿童发展研究专家李康教授经过 20 年的研究得出一个结论：无论性别、国籍、宗教信仰，30% 的 2 岁孩子会撒谎；3 岁的孩子中，撒谎的人占了 50%；4 岁的孩子超过 80% 都会撒谎；大于 4 岁的孩

子绝大部分都会撒谎。

李康教授认为，撒谎是孩子成长的典型表现。孩子会撒谎，说明他已经具备了读心能力和自我控制力，智力发育和情商都没有问题，而且跟不撒谎的同龄人比，撒谎的孩子有更加优越的认知表现。也可以说，孩子的第一次撒谎和他第一次开口叫爸爸妈妈都是成长过程中一种里程碑式的突破。

根据学者研究，撒谎其实起源于婴幼儿期各种生活经验的逐步积累。

小豆丁两岁的时候口齿不清楚，经常说一些让人搞不懂的话。豆妈豆爸那时候每天都要琢磨半天小豆丁到底想干什么。

上面案例中的场景其实便是小豆丁通过实际生活获取生活经验的过程，经过反复体验后，他会慢慢发现两点：一是他能知道别人不知道的一些事情；二是别人无法知道他心里在想什么。

当他意识到别人无法知道自己想法的时候，孩子就具备了撒谎的能力。

一旦孩子意识到他可以骗过成人后，他很快就能举一反三，将撒谎这种行为应用在生活中的很多地方。比如他想要手表，但是怕爸爸不同意，就告诉爸爸买手表是老师的要求。

一旦孩子感受到自己是独立的、与众不同的存在，并且享受撒谎的成就感时，他就会常常故意或者忍不住使用这种行为获取利益。

通常，孩子从 2 岁开始，一直到 4、5 岁都处于撒谎敏感期。

2、3 岁孩子的撒谎行为之下还隐藏着深层的含义：这个阶段的孩子撒谎，说明他正在运用他的思维进行复杂的"工作"，包括大脑管控系统、记忆、语言表达、逻辑推理等诸多方面的"工作"。

首先，孩子要隐瞒事实真相，然后他需要编出一个逻辑合理的故事并牢牢记住它，最后说谎时还要控制面部肌肉，让表情显得很自然。

在这个过程中，孩子要想成功撒谎，就必须将大脑管控系统、记忆、语言表达与逻辑推理完全结合在一起。

可以说，孩子撒谎敏感期的出现，对于他的发展具有十分重要的意义，是他成长过程中很大的进步。

不过，孩子的撒谎行为如果得不到理解或者正确的引导，则有可能会导致三种后果：挫伤想象力、撒谎成性、复演式撒谎。

其一，挫伤想象力。孩子为了撒谎会去编故事，而编故事可以驱动想象力和创造力。如果家长处理不当，那么孩子的想象力和创造力的发展都会受到影响。

其二，撒谎成性。孩子撒谎通常是为了获得某种东西或者保护自己不受惩罚。如果家长粗暴对待，孩子很有可能为了保护自己捏造更多的情节，长此以往孩子很有可能会撒谎成性。

其三，复演式撒谎。复演式撒谎就是在父母严格的教养方式下，为了不受惩罚，孩子通过幻想对父母教养方式进行复演。如在学校不小心把饭洒了，把衣服弄脏了，孩子可能就会说是因为老师强行

把饭端走，不小心弄脏了衣服。如果孩子长期这样撒谎，其心理健康则会受到严重影响。

由此可知，孩子撒谎不可怕，可怕的是家长不能认清孩子撒谎背后的真实原因，没有及时做出正向引导，进而耽误了孩子。

李康教授在《儿童为什么说谎》一书中，将孩子的谎言分成白色的谎言、橙色的谎言、蓝色的谎言、黄色的谎言、黑色的谎言五类。

白色的谎言是指孩子为了客气而撒谎。如孩子生日时得到了一个自己并不喜欢的礼物，可是为了客气他告诉朋友他很喜欢，这种谎言就是白色的谎言。这类谎言通常都是善意的谎言，家长无须担心。

橙色的谎言是指孩子为了讨好而撒谎。如老师唱歌不好听，孩子为了讨好老师，故意说老师唱得很好。5 岁以上的孩子一般都能够说出这样的谎言，他们的谎言往往带有一定的目的性。

蓝色的谎言是指孩子为了集体而说谎。9 岁的孩子已经有了一定的集体意识，行为会受到集体的影响。如当老师询问班长自习课情况时，班长可能就会因为集体利益着想，主动掩盖自习课同学们打闹的事实。

黄色的谎言是孩子为了谦虚而说谎。很多人都经历过这种场景，明明自己考得很好，但是当同学询问的时候，却说自己考得不好，还需要努力。这种谎言 9 岁的孩子已经会说了，其目的大多是善意的。

黑色的谎言是指孩子为了自己而说谎。

有一个 7 年级的男孩曾经这样说自己的父母：他犯错了，父母就会问他"知道错了吗"，如果他如实回答"不知道"，其结果就是接受父母的棍棒教育，以至于后来再犯错时父母问他"知道错了吗"，他即便不知道错在哪里，但为了不受皮肉之苦，只能乖乖地说"知道了"。

很多孩子向父母撒谎的原因都是为了不受到惩罚和保护自己。他们明白，如果父母知道他们偷偷倒掉碗里的肥肉、冲掉牛奶后，会非常严厉地呵斥甚至惩罚他们，因此他们会选择隐瞒真实情况。

黑色的谎言是孩子撒谎行为中最常见的一种谎言，大多孩子会把黑色谎言当作回避痛苦和惩罚的一条捷径。当孩子因为这条捷径成功保护自己后，这种获益会让孩子的撒谎行为得以维持。

那么，家长到底该如何面对孩子的撒谎行为，又该如何引导呢？

第一步：真伪预判

对于孩子的言语行为，家长不可以轻易下结论。当怀疑孩子撒谎时，家长首先要站在孩子角度，结合事情的前因后果对事实进行一个"预判"，确定孩子到底说的是真话还是谎言。这一步非常重要，家长要确保事实的准确程度，千万不要误会孩子，伤害孩子的自尊心，破坏孩子的安全感。

第二步：包容、接纳孩子的行为

如果家长确定孩子是在撒谎，千万不要在第一时间否定、质疑，甚至打骂孩子。孩子愿意承认撒谎需要很大的勇气，也表明了对家

长的足够信任，单纯的打骂只会让孩子的信任感不断降低，进而选择用更多的谎言来欺骗家长。

面对孩子的撒谎行为，家长应该包容、接纳孩子。在这个过程中，家长的肢体动作非常重要。孩子承认错误后，家长可以用拥抱、抚摸以及真诚的注视等动作，让孩子彻底放松下来，内心不再忐忑不安，这样孩子不仅感受到了家长真挚的关心，而且也为进一步沟通做好了铺垫。

第三步：阐述事实

当孩子撒谎时，家长需要引导孩子说出真相，或者直接告诉孩子事情的真相，让孩子直面问题。如前文小豆丁偷偷多拿了一个果冻，豆妈告诉小豆丁"可是妈妈已经问过老师了，老师说没有多给你呀。宝贝，你别怕，你跟妈妈说实话，妈妈不生气。"

在这个步骤中，最重要的是家长要采取中立、客观的描述方式和平静、缓和的语气。因为家长阐述事实的目的是让孩子知道不能这么做，可以换种方式进行，而不是单纯地指责孩子。

第四步：理解孩子

家长"拆穿"孩子的谎言后，孩子很有可能会继续掩饰，如拒绝承认、逃避、啜泣等。这个时候家长要表达自己对孩子错误的理解，让孩子知道这种事情是可以告诉家长的。

如孩子不小心摔碎了杯子，因为害怕被骂而说谎时，家长可以用"杯子比较滑，你也不想把它摔碎"这种语言让孩子知道，爸爸妈妈能够理解他的行为，他不会因此受到惩罚。

第五步：提出方案

在表达理解之后，家长还要和孩子沟通如何正确解决发生的事情。如孩子偷吃了小饼干，家长可以告诉孩子这个没什么大不了，如果自己想吃饼干可以找家长直接商量的；又如孩子喝水时不小心打碎了水杯，可以和孩子共同讨论下除了小心外，还可以采取什么措施也能有效避免这一问题，换一个塑料水杯是不是更好一些，以此来激发孩子思考，不断提升孩子解决问题的能力。

对于孩子来说，偶尔的谎言只是人生路上的小插曲，最重要的是孩子内心永远阳光、温暖、善良。如果家长想要孩子底气十足地行走于世间，那么你首先要给孩子足够的温暖和关爱，这样孩子才能够更加自信、快乐地成长。

第四章
行为培养 2：把握孩子心理，让小毛病变成好习惯

帮孩子戒掉"电视瘾"，刻不容缓

　　小豆丁最近迷上了动画片，每天放学回家第一件事情就是打开电视，目不转睛地盯着电视一直看，有时候奶奶叫他吃饭他都听不到。如果别人突然关掉电视不让小豆丁看，他就会大哭大闹，豆妈和豆爸有时候都拿他没有办法。

　　"儿子除了吃饭睡觉，就知道看动画片""孩子看剧上瘾，每天一起床就拿出平板电脑""一到放假的时候，家里的电视就没停过"……现实生活中，很多家长和豆妈豆爸一样，为孩子看电视头痛不已。每天看着孩子迷恋电视的模样，很多家长心中都会有这样的疑惑：为什么孩子如此痴迷电视？

一、行为成因

心理学家曾经研究过很多电视迷和网瘾少年，在对这些"小小电视迷"进行访谈时发现，这些孩子有一个共同点：爸爸妈妈的陪伴很少。通过研究，他们得出结论：孩子看电视容易成瘾的心理原因有很多，其中排名第一的是爱的缺失，排名第二的是不良的亲子关系。

0到6岁是孩子情感需求的高峰期，这个阶段的孩子会渴望得到家长更多的陪伴和关注。如果家长在这个阶段没有满足孩子的情感需求，孩子就没有办法跟父母建立安全型的亲子关系，这时孩子就会用其他方法寻找情感替代，而电视里的节目和动画恰好能满足孩子的内心需求。

电视里的动画片、动物世界等，各种奇特的东西都能吸引孩子的注意力，加上童年时期的孩子自控力不强，就会容易看电视上瘾。

另外，有些父母为了寻求片刻的安静，或者让孩子独处以便自己做点别的事情，经常会在孩子不听话的时候，用"乖，我现在很忙，你自己看会儿电视"这种招数对待孩子，这无疑也会让孩子对电视越来越着迷。

二、看电视的弊端

对于孩子来说，好的电视节目有利于他们的启蒙教育和大脑的发展，一定程度上可以增长知识，开阔眼界，但是孩子过早或者过度看电视，其弊远远大于利。

1.影响视力

相关研究证明，幼儿时期的孩子眼球前后径短，晶体尚未发育成熟，睫状肌非常脆弱，这个阶段如果孩子长期看电视、手机等电子产品，眼球运动得不到锻炼，视力就会飞速下降。

媒体曾经报道过这样一则新闻：家长为了哄孩子，在孩子1岁左右就开始给她看手机，孩子2岁半的时候，近视已经达到了900度且不可逆转。

2.影响社交能力

心理学认为，0到3岁是生命成长最关键的时期，这个阶段孩子需要在真实的世界中发展和构建自我。如果孩子在这个时期花太多时间看电视，其社交时间就会大大减少。长此以往，孩子就会变得不想和别人交流，只想沉浸在自己的世界中。这样下去，孩子将

很难和别人相处，甚至难以适应社会。

3. 影响注意力

很多家长反映，孩子上课时总是做各种小动作，在家写作业时总是坐不住，不是摸一会儿这个就是玩一会那个，这种现象和看电视也有一定关系。

有调查研究显示，1～3岁的孩子如果每天看1个小时电视，那么孩子注意力出现缺陷的风险就会增加大约10%，而且这种风险一般到孩子7岁左右才会显现出来。

孩子的精力非常旺盛，每天都需要进行阅读、运动、游戏等各种有利于培养注意力的活动，这样才能保证孩子的注意力健康发展。若孩子每天都花费大量时间看电视、电脑等电子产品，注意力就会慢慢下降，3～4年后孩子的注意力就会比同龄人差很多。

4. 影响创造力、想象力

教育心理学家简·希利研究发现，孩子们看电视时，他们的大脑前额叶皮质区域会出现短暂的空转状态，如果孩子长期沉迷于电视，那么会严重影响孩子的大脑发育，导致孩子大脑处理问题的能力和判断力低下。

德国儿童心理学家皮特·温特斯坦和罗伯特·J·琼维斯曾经做了这样一个实验：他们选取了10名孩子，并将孩子分成了三组，一组为每天看电视不超过1小时的孩子，第二组为每天看电视超过3个小时的孩子，第三组为看电视从来不受限制的孩子，然后分别

让这些孩子画小人。

下图为这些孩子所画的结果，其中第一排小人是每天看电视不超过 1 小时的孩子画的；第二排小人是每天看电视超过 3 小时的孩子画的；第三排小人则是看电视从来不受限制的孩子画的。

这一实验说明，孩子看电视的时间越久，他们的创造力就会被破坏得越严重。因为孩子从电视上看到的内容清晰、易懂，还伴随着多种感官刺激，孩子在看电视的时候完全不用思考，就如同木偶一样把知识"灌"入脑海中，这种"偷懒式学习"不仅会抑制他们的想象力和创造力，长久下去还会影响孩子语言交流能力的发展。

三、教育方法

1. 和电视机"断舍离"

美国知名作家、文化批评家保罗·福赛尔曾经说过："社会等级越高的家庭，电视机出现在起居室的可行性就越小。上流社会家庭不看电视，中上阶层把电视机打扮成精致的家具，在中层或下层贫民家里，电视机很可能摆放在客厅或厨房……"

他认为，社会等级越高的家庭的孩子，他们不会把时间消耗在电视机上，而是把更多时间花在阅读和其他活动上，社会等级越低的孩子则会把更多时间花在电视机和其他娱乐活动上。

电视机虽然能让家里的"捣蛋鬼"安静下来，但是绝不是一个好"保姆"。家长为了工作把孩子交给电视，最终只能培养出一个"电视迷"。因此，在孩子成长的关键阶段，家长应该采取一些特殊的手段，让孩子和电视"断舍离"，这样孩子才会慢慢把注意力转移到其他地方，而不是整天围着电视转。

2. 制造客厅游乐场 / 阅览室

对于一些年龄比较小、自控能力比较弱的孩子来说，单纯的"断舍离"并不能让孩子戒掉电视瘾，要想让孩子少看电视，家长还需要营造良好的氛围，有效转移孩子的注意力。

豆妈上次去朋友家玩，发现朋友把客厅改成了书房，受其影响，豆妈对自己家的客厅也进行了一番改造。

小豆丁放学回家后，看到客厅里的电视没了，反而多了一个小书柜、一张小书桌，书柜上贴的都是他喜欢的猫咪壁纸，书桌上面有好多之前从来没有看过的绘本。这次，小豆丁没有哭闹着要电视，而是安静地坐在椅子上，津津有味地翻阅这些新的绘本。豆妈看到

后，欣慰地笑了。

当电视是客厅的"主角"时，孩子会不由自主地被电视所吸引。如果家长每天都有看电视的习惯，那么孩子看电视的时间也自然会随之增长，这就是氛围的影响作用。想让孩子远离电视，家长可以为孩子营造一个孩子更感兴趣，或者对成长更有意义的氛围，比如将客厅变成游乐场或阅览室，当孩子看到客厅的各种益智玩具，或者一排排书籍时，他就会被这种氛围所吸引，也更容易将电视机遗忘掉。

3. 严格控制接触电视的时间

对于很多家庭来说，完全舍弃电视是一件不太现实的事情。如果真的无法杜绝电视，家长则要严格控制孩子接触电视的时间。

美国儿科学会曾对各个年龄段的孩子每天看电视的时间做出了具体规定：

2 岁以内的孩子尽量不看电视，如果一定要看，不要超过 15 分钟；

2~3 岁孩子每天最多可以看 30 分钟；

3~6 岁孩子每天最多可以看 45 分钟；

6 岁以上孩子每天看电视的时间不能超过 1 小时。

最重要的一点是，家长在孩子看电视前，一定要提前和孩子

做好约定，并且要严格执行约定，一旦超过时间必须关掉电视，不能因为孩子的哭闹而无限制放低要求，否则很难控制孩子对电视的痴迷。

如果孩子对电视特别入迷，很难戒掉，家长可以通过一些方法让看电视变成一件"不愉悦"的事情。如要求孩子每看完一集动画片，就要写一份"观后感"或者做一次口头总结。这种方式会让很多孩子感到很痛苦，慢慢他对电视的吸引力也会下降下来，甚至会主动寻找一些其他更愉悦轻松的活动。

4.陪伴孩子参加有意义的活动

比起对电视的渴望，孩子更需要父母的陪伴。因此，平时家长可以陪孩子一起阅读、运动、聊天，让孩子在有意义的活动中感受到乐趣和父母的爱。

如让孩子加入登山俱乐部，周末陪孩子一起爬山，这样不仅有助于孩子健康成长，在登山过程中还可以增进孩子与其他小伙伴的感情，提高孩子的社交能力。

孩子痴迷电视并不可怕，可怕的是父母不了解或者不关注孩子内心真实的需求，从而忽略了从根本上解决问题。与其每天藏遥控器、拔网线、试探电视机的温度，与孩子"斗智斗勇"，不如多花些时间陪孩子一起成长。

鼓励孩子解决问题，戒掉告状行为

最近，豆妈豆爸的安全感遭到了史无前例的挑战。豆妈吃饭的时候把一块肥肉给豆爸，小豆丁立刻叫喊："爸爸，妈妈挑食！"豆爸肚子疼在厕所待了半个小时，小豆丁赶紧告诉豆妈："妈妈，爸爸肯定偷偷打游戏呢！"总之，豆妈豆爸稍微有所举动，小豆丁都跟个小侦探一样，立刻抓个现行，然后义正词严地告状，搞得豆妈豆爸现在什么都不敢做。

很多家长都经历过这种情况：孩子对生活细节洞若观火，动不动就告状。偶尔告状一两次，家长可能觉得挺有趣的。但是，如果孩子天天在耳边告状，家长难免就会承受不住了。

妈妈，爸爸最近……

其实，告状是儿童在心理发展过程中出现的普遍现象。一般来说，孩子4岁以后，告状的频率会慢慢上升。英国学者经过研究证实，学龄前孩子告状的频率最多，有些孩子平均每天要告状 5 ~ 6 次。

心理学家劳伦斯·科尔伯格研究道德发展理论时，曾经为孩子讲了一个道德两难的故事，然后让孩子加以评价。

这个故事是这样的：乔的爸爸许诺乔，如果他能挣够50美元，就可以拿着这些钱去野营。乔挣了50美元后，乔的爸爸又改变了主意，让乔把挣的钱都给他。于是，乔撒谎说自己只挣了10美元，然后自己用剩下的40美元去野营。去野营之前，乔把这件事情告诉了他的弟弟。

劳伦斯·科尔伯格用这个问题提问孩子,如果他们是乔的弟弟,会把这件事告诉爸爸吗?经过调查,绝大多数 4 ～ 12 岁的孩子都选择了告状。

事实上,告状行为与孩子的道德发展水平有关,在不同的道德发展阶段,孩子告状的心理动机有所不同,随着道德发展水平的提升,孩子会站到更高的视角去分析事情,角度也更全面。

前习俗水平（4 ～ 10 岁）

这个阶段孩子会经历两个时期:一是惩罚定向时期,二是寻求快乐定向时期。

处于惩罚定向时期的孩子会服从个人强权,他们认为只要是坏的事情都要告发,所以他们会觉得爸爸知道了乔的事情肯定会惩罚乔,乔做得不对,一定要告诉爸爸。

寻求快乐定向时期的孩子的行为是由他自身的需求决定的,处于这一时期的孩子追求的是行为后果带来的满足感,如果一件事情会导致其他人生气,那就必须要告诉他人,而这个阶段的孩子会认为乔的事情会导致爸爸生气,所以他们认为应该把这件事情告诉爸爸。

习俗水平（10 ～ 13 岁）

习俗水平阶段分为好孩子定向时期和权威定向时期。

好孩子定向时期的孩子认为,惩罚不一定是坏的,但是表扬肯定是好的。他们会觉得乔的做法不一定是好事,但是他主动把这件

事情告诉爸爸，爸爸肯定会表扬他，所以一定要告诉爸爸。

权威定向时期的孩子更注重纪律，他们认为自己必须要遵循法律，服从权威，履行职责。因此，孩子会觉得爸爸出尔反尔是不对的，哥哥似乎也没有什么错误。

后习俗水平（13 岁～成年）

后习俗水平阶段的孩子会经历社会契约定向时期和个体原则的道德定向时期两个时期。

社会契约定向时期的孩子已经对群体利益和民主意义产生了萌芽，他们会理性考虑是否要遵循法律和规则，并且还会对不合理的规范提出质疑。在此基础上，他们会认识到乔不应该撒谎，但是爸爸也有自己的错。

个体原则的道德定向阶段的孩子已经有了个性化的道德指标，个人的道德发展已经趋于成熟，这时他们会从个人角度去评判是非。

要想解决孩子爱告状这个问题，除了需要了解孩子的心理发展规律之外，家长还要了解孩子告状行为背后的动机，只有分析出背后的原因，才能对症下药。

总结起来，孩子之所以告状，一般出于以下原因：

1. 渴望得到表扬和关注

一般 4 岁左右的孩子不管是在家里还是学校，都喜欢动不动向家长或老师告状，如"爸爸，我的玩具整理好了，可是妹妹还没整理好""老师，我的饭都吃完了，可是豆豆没有吃完"等。

其实，这种行为是幼儿的一种普通行为，他们告状更多是为了

获取家长或老师的表扬和关注，他们的潜台词往往是"你看我做得很好，他做得很差，你要表扬我"。一般而言，表现欲比较强的孩子更容易告这类状，他们更希望获得成人的肯定，证明自己做得比别人好。

2. 希望获得保护

当孩子受了委屈或者遇到困难，他们不知道该如何排解时，通常会向父母寻求帮助，如"妈妈，豆豆抢了我的玩具""妈妈，上课的时候豆豆用笔戳我"等。此时的他们是为了宣泄情绪，得到父母的安慰和帮助。

3. 内心的"正义感"

生活中存在各种各样的规则，大部分人也都会遵守规则，但也有一部分人会打破规则。当孩子面对这种情况时，他们内心的"正义感"就会爆发，继而就会向家长或老师揭发别人的行为。

正如蒙台梭利所说："学龄期孩子正在确立对错观，所以他们有时发现别的小孩做错了，就立即告诉大人。"比如家长告诉孩子不能随便扔垃圾，垃圾要放进垃圾桶，如果孩子发现别人（比如弟弟）乱丢垃圾，就会告诉家长"妈妈，弟弟把垃圾丢在了床上"。

另外，有些小孩还存在报复心理，他们会出于"让家长惩罚对方"的动机向家长告状，如"豆豆抄作业了""妹妹上完厕所没有洗手"等。

教育方法：

无论孩子是出于什么原因而告状，目的是善意还是恶意，家长

都不能让孩子养成爱告状的习惯。很多情况下，爱告状的孩子更容易被同伴排斥，所以父母应该帮助孩子戒掉告状的行为，鼓励孩子独立解决问题。

1."告诉爸妈"盒子

家长可以用废弃的饼干盒或鞋盒做一个"告诉爸妈"盒子，然后在上方开一个口子。当孩子想要告状时，家长可以鼓励孩子先把告状的内容写下来或画下来，然后塞进"告诉爸妈"盒子，然后告诉孩子，每周周末，爸爸妈妈会打开盒子看一遍，并解决纸条上的问题。

很多时候，当家长阅读纸条时，孩子早已经找到了解决问题的方法，甚至因为时间的跨度，有的孩子在家长阅读纸条时，已经意识到自己当时的冲动之举不太恰当。

这种方式既避免了孩子冲动告状的行为给别人带来的伤害，也培养了孩子独立解决问题的习惯，同时也有利于孩子更好地与他人相处。

2.建立正确的是非观

当孩子告状时，家长极力排斥甚至粗暴制止孩子的行为都是不可取的。这样做孩子对家长会越来越不信任，并逐渐产生抵抗情绪。家长首先应当仔细询问孩子，并认真倾听，弄清事实真相后，再根据具体的情况采用不同的处理方法。

如果孩子的告状有理有据，是善意的，家长则要及时给予肯定和表扬，让孩子养成正确的是非判断观；如果孩子的告状是恶意的，

可能会对别人造成伤害，家长则要耐心与孩子沟通，帮助孩子建立正确的为人处世的观念。

3. 学会自己解决问题

家长不能惯着孩子总是依靠大人的力量来解决问题，应当适当放手让孩子自己学着去处理问题。比如孩子告状时，家长可以亲切地问"那你有什么好的办法可以解决这个问题吗"或者"你愿意把这个问题放在家庭会议上，让全家一起想办法来解决吗"，以此来激发引导孩子解决问题。

孩子告状不是什么大事，但家长不同的态度和不同的解决方法会导致不同的结果。苏霍姆林斯基曾说："每个瞬间你看到孩子，也就看到了自己。"就是说，家长教育孩子的过程也是检视自己的过程。当发现孩子的不足时，家长需要更多的耐心，给予孩子更多正面的引导，这样才更有利于孩子的成长。

改掉餐桌上的小毛病，让生活更加健康

豆妈带着小豆丁去餐厅吃饭时，隔壁餐桌的一个小男孩不断地喊叫"我要吃大虾""我不吃青菜""我要出去玩"……男孩妈妈强制小男孩坐在座位上好好吃饭，小男孩偏要下来到处跑。周围的顾客都投去抱怨的目光，有位阿姨竟然直接过去建议他们结账离开。

很多有孩子的家庭，一到吃饭就像打仗一样。孩子一会儿跑到这儿，一会儿跑到那儿，不是去玩玩具，就是要看电视，根本在餐桌待不住，更别提吃饭了。很多家长担心孩子吃不好饭影响健康，总是一手端着碗，一手拿着勺子，跟在孩子后面一勺一勺喂，一顿饭下来至少 1 个小时。

行为成因：

让孩子吃饭为什么这么难呢？其实孩子一边吃饭一边玩这种行为背后有很多原因。

1. 零食过多

很多家长在吃饭前都允许孩子食用零食，各种零食下肚后，到了正餐时间孩子一点饥饿感都没有，当然不会乖乖吃饭。这时孩子选择在吃饭的时候玩耍，其实是为了逃避吃饭。

2. 吃饭方式不当

孩子的注意力不是很强，当他吃饭欲望不足时，便很容易被其他食物吸引。而很多家长为了让孩子集中精力吃饭，会用玩具、动画片等来吸引孩子，这样孩子便可以安安静静吃饭。这种做法并不可取，它会误导孩子，让孩子认为吃饭和玩乐是可以同时进行的，久而久之便会养成边吃边玩的习惯。

3. 饮食单调

很多孩子都比较挑食，如果餐食重复或单调，孩子便很难提起食欲，因此他们在吃饭时经常不专心，总是想利用玩逃避吃饭。

4. 家长影响

家长是孩子的第一任"老师"，如果家长在吃饭的时候大声谈笑或边吃边看电视，孩子也会下意识学习家长这种行为。时间久了，孩子就会养成一边吃饭一边玩的坏习惯。

孩子一边吃饭一边玩，家长又无限溺爱孩子，总是追着孩子喂饭，这种行为对于孩子来说有很多危害。

1. 影响消化吸收

正常情况下，人体在进餐期间为了消化和吸收食物，血液会聚集到胃部。而孩子如果一边吃饭一边玩，就会使得一部分血液分配到身体的其他部位，造成胃部血流量不足，进而影响孩子对食物的充分消化。长此以往，孩子的消化机能就会逐渐减弱，最终导致孩子食欲不振。

2. 导致厌食

孩子一边吃一边玩，其进餐时间就会延长，等到饭菜变凉后吃下去，他的胃肠道消化功能就会受到影响，这样会慢慢加重孩子的厌食情绪。厌食会让孩子身体长期缺乏营养，同时，孩子的身材也会变得矮小孱弱。

3. 影响专注力

如果孩子经常边吃边玩，其专注力也会逐渐下降。相关研究表

明，喜欢边吃边玩的孩子很容易养成注意力不集中、办事拖拉等坏习惯。总之，这种行为非常不利于孩子的健康成长。

教育方法：

1. 重视孩子学习吃饭的黄金期

每个孩子都是一个独立的个体，发育情况也有早有晚，吃饭过程也是如此，孩子吃饭的发展过程一般可以分为下面几个阶段。

（1）萌芽期

萌芽期是指孩子对餐具表现出浓厚的兴趣，出于好奇心想要探索餐具、食物的时期。

通常，萌芽期在孩子 10 个月左右。在这一时期，孩子总想自己动手摆弄餐具，每次吃饭时他都喜欢抢夺家长手中的餐具。这是孩子早期个性形成的标志之一。

建议：

家长可以准备两把汤匙，一把给孩子，一把自己拿着，这样既不耽误家长喂饭，也不耽误孩子练习使用汤匙。

另外，家长可以下意识引导孩子用拇指和食指拿东西。比如给宝宝做一些条状的食物和蔬菜，让孩子自己用手拿着吃。

（2）黄金期

通常，孩子 1 周岁之后会进入独立吃饭的实际诱导期，也就是黄金期。黄金期一般在 12 个月 ~ 18 个月。这个时期，孩子的手眼协调能力发展迅速，如果家长能够给予恰当的诱导，则会有事半功倍的效果。

如果孩子出现以下迹象，通常代表着孩子进入了独立吃饭的黄金期：用手抓饭吃；会用杯子喝水；当勺子里的饭快掉下来的时候，主动去舔勺子。

这时，家长应当着手教孩子吃饭。吃饭过程中，孩子若总是用手抓食物，家长不要过于纠正孩子的动作，因为孩子是在通过抓的方式感受食物的形状和特性，通过这样反复用手接触食物，孩子不仅会对食物越来越熟悉，还可以预防挑食的毛病。

总之，这个时期家长不要怕孩子捣乱而剥夺孩子独立吃饭的权利，家长不妨给孩子一个专用的小碟，让孩子尽情地用手或用勺自己吃饭。

（3）巩固期

巩固期通常在 2 ~ 3 岁。这个时期的孩子动手愿望很强，尤其是性急的孩子总是会着急抢家长手里的餐具，想要在餐桌上"大显身手"。

总之，家长平时要多注意观察孩子，抓住孩子学习吃饭的黄金期，并多鼓励孩子，这样才更有利于孩子早日实现独立吃饭。

2. 营造轻松的吃饭氛围

每当孩子在饭桌上不想吃饭时，很多家长都怕孩子饿到，总会关切地问孩子想吃点别的什么东西，如果孩子不知道，家长就会摆出米饭、面条、饺子等各种食物，然后逼着孩子选一项。

其实，家长的这种行为无形之中会增加孩子的压力，让孩子把吃饭当作一项非常困难的"任务"。在这种状态下，大部分孩子会继续选择不吃饭，有的即使吃饭也是只吃一两口就不了了之。

吃饭本来是一件非常轻松、愉快的事情，家长要做的是让孩子享受食物带来的满足和幸福，而不是"不吃不行"的压力。

小豆丁小时候每次到吃午饭的点总是说自己不饿，然后在家里到处跑着玩。起初，豆妈一直担心小豆丁营养不够，经常追着喂饭，但是每次小豆丁都吃不了几口。豆妈深知这样不行，于是决定做些其他的尝试。

后来，豆妈和小豆丁单独在家时，豆妈到了饭点并不催促小豆丁，也不问他要不要吃饭，一直陪着小豆丁玩。等到下午三四点钟的时候，小豆丁才会觉得饿，然后开始找豆妈要吃的。这样过了一段时间，小豆丁的食欲慢慢开始增强。

再后来，豆妈每次也让小豆丁按时吃饭，但是不会做任何要求，也不给小豆丁任何压力，让小豆丁自己决定吃多少。吃饭的时候，豆妈和豆爸也不会谈论吃饭的话题，基本上都聊些小豆丁喜欢的话题。这样坚持了一段时间，小豆丁吃饭虽然吃得不是很多，但是吃饭的时候氛围非常轻松，小豆丁也变得越来越爱吃饭了。

吃饭是一件享受的事情，如果孩子只是形式上为了吃饭而吃饭，那么孩子可能永远感受不到食物带给他们的幸福。

3. 儿童餐尽量要色香味俱全

色香味俱全的食物往往更能吸引孩子眼球，进而调动他们的食欲。当然，家长也不用每天花心思研究菜谱，有时可以使用一些小技巧。

首先，家长可以多做一些味道清淡、口感清新、色彩鲜艳的食物，在此基础上，家长还可以对食物进行摆盘，或者把食物切成不同的形状，这样不仅可以给孩子更多的新鲜感，而且还能提升孩子的视觉美感。

其次，吃饭时，家长也可以利用津津有味地吃相、赞叹等来增加孩子的预期，让他们对吃饭有所期待。

4. 控制零食摄入量

过多零食摄入量会影响孩子的食欲，特别是在正餐前 1 小时前吃零食很影响孩子的正餐摄入量。试想一下，如果孩子 5 点吃袋饼干、喝瓶酸奶，6 点吃饭的时候他怎么会想吃？为了保证孩子的日常营养，家长需要控制孩子的零食摄入，不能让零食喧宾夺主。

在零食时间安排上，家长应当选择在上午九点左右和下午三四点间，大约距离正餐两小时左右的时间让孩子吃零食。因为孩子的新陈代谢比较快，在两餐之间容易出现轻微的饥饿感，在此期间让他们适当摄入一定量的零食，能有效减轻饥饿感，以及帮助孩子补充营养，并且也不会影响孩子食用正餐。

另外，在吃饭之前，家长可以鼓励孩子多运动，玩累了才能多吃饭，这样也有利于孩子的身体健康。

5. 准备专用餐具

家长使用的碗筷、叉子有时并不适合孩子，比如用又大又重的杯子盛满果汁，孩子可能会产生压迫感，尖锐的叉子和易碎的餐具容易划伤孩子等。家长可以带孩子专门挑选他自己喜欢的餐具，以

此来增加孩子吃饭的兴趣。不过，在选择时，家长要注意餐具尺寸，确定餐具适合孩子使用。

6. 及时赞扬

如果孩子吃饭时表现得比较安静，没有边吃边玩，也没有打扰他人，家长要及时赞扬孩子的进步，<u>很多时候，获得赞扬的孩子在吃饭时会表现得更加积极</u>。

为了增加赞扬的作用，家长还可以将赞扬"仪式化"。比如家长可以制作一张孩子行为进步表，当孩子吃饭表现比较好时，家长可以在进步表中奖励孩子一颗星星。

7. 自然教育

家长平时还可以给孩子科普有关食物的知识，比如大米是怎么来的，糖醋鱼是怎么做出来的。再者，对于比较大的孩子，家长可以让孩子主动参与到做饭过程中，体会做饭的艰辛以及认识到食物的来之不易，进而让孩子对食物加倍珍惜。

小豆丁上幼儿园的时候，老师会带着孩子们在幼儿园种植一些植物，然后让小朋友们亲自浇水、施肥，并用放大镜探索和观察植物的生长过程。

小豆丁每次回家都兴致勃勃地和豆妈说起种植植物过程中的趣事，有时吃饭的时候还会将课堂上了解到的与食物有关的知识说给豆妈豆爸听。豆妈豆爸每次都夸奖小豆丁聪明、学得快，懂得珍惜食物，小豆丁因此非常喜欢吃饭。

对孩子的攀比和竞争意识要理性引导

　　小豆丁最近喜欢上了骑自行车，豆爸兴致勃勃地给小豆丁买了一辆自行车。过了一年，小豆丁看到同学买了一辆更漂亮的自行车，他觉得自己的自行车已经过时了，便缠着豆爸要换一辆。

　　豆爸觉得小豆丁的车还能骑，性能也很好，完全没有必要买新的。于是，他告诉小豆丁："你看，你的自行车还不错，我们先不买了，等过段时间再说好吗？"

　　小豆丁不肯，坚持认为新的自行车好，他见豆爸始终不肯给他买，便在家里闹情绪，哭闹着不肯上学。

　　很多家长也许都遇到过这样的问题：孩子喜新厌旧，喜欢攀比，

总是想买新玩具。家长若不同意，孩子便不停哭闹。面对这一问题，有的家长为了让孩子停止哭闹，很多时候都选择满足孩子的要求；有的家长则惯用权威姿态，强势拒绝孩子。

然而，这两种方法都没有什么成效。那么，家长怎样做才能从根本上解决问题呢？首先我们来看下孩子攀比行为背后的心理成因。

心理学有一个名词叫作"同侪压力"，它是指我们有时不能判断出意见或东西对自己的价值，只能通过与身边人比较来获得短暂的快感。

举一个简单的例子来说明。

美国有一个叫艾琳的女生，她的家庭属于中产家庭。她的父母为了给她更好的教育环境，费尽心力将她送进了贵族学校。

没想到的是，艾琳进入贵族学校后，学习成绩并没有提高，反而变得爱攀比。她经常提出很多匪夷所思的要求，比如要美容、减肥、穿性感衣服等。如果她的父母不满足她的要求，她就会大吵大闹，甚至认为她的父母毁了她。

例子中的艾琳之所以有这样的表现，很大原因是艾琳进入贵族学校后产生了较大的同侪压力。她并没有看到贵族学校优良的教学环境对未来人生起到的作用，只是迷失在同学间的物质条件对比之中。

此外，除了孩子自身的心理因素之外，父母的心理因素也会

影响孩子。人先天就有强烈的自我为尊的意识，认为自己就是最强的，渴望被别人认可，这就是心理学上的"猴王心理"。如果父母的"猴王心理"过重，喜欢争强好胜，那么会直接或间接影响孩子的心理。

如很多父母经常对孩子说这些话：

"你看人家鹏鹏，每天都自觉学习，再看看你，就知道玩。"

"你怎么这么笨，一首古诗背了一天都背不下来，你妹妹背了两遍就背出来了。"

"你再不写作业就走吧，别当我们的孩子了，我们宁愿让浩浩做我们的孩子。"

……

父母说出这些话的同时就是在拿别的孩子与自己的孩子做比较，通过攀比责怪自己的孩子。这一行为会给孩子带来很大的伤害。

父母是对孩子价值观产生重大影响的人，父母对金钱的态度，是否能平衡当下快乐，直接影响着孩子的财商和未来的幸福能力。父母一味通过比较贬低孩子，孩子必然会受到这种影响，逐渐将与他人攀比当作人生比较重要的事情。

从某种意义上说，你的孩子可能会注意到你的家庭和其他家庭在经济上有些不同。无论是一个收入平平的家庭，还是你的收入高得离谱，这种情况都会发生。

总有人比你拥有更多的东西，也许你周围的家庭有更大的房子，更新的汽车，更华丽的玩具，或者去度比你更精致的假期。你的孩子最终会意识到的。然后他们可能会问你这样的问题："为什么我们没有那些很酷的东西，以及我们什么时候可以得到它们？"面对孩子的问题及攀比、竞争行为，我们该如何引导他们呢？

1. 物质攀比

物质攀比就是孩子在物质方面的比较，如房子没有同学家大，车子没有同学家的豪华等，这些都属于物质攀比。物质攀比是每个人都回避不了的，家长在和孩子的互动中，与其遮遮掩掩，倒不如大大方方告诉孩子客观事实，让孩子知道"我们家没有"并不是一件丢人的事情。

教育方法：

首先，爱攀比是一种很普遍的现象，孩子在与伙伴相处过程中，自然而然就会进行比较。而我们要做的就是帮助孩子认识到，一直与别人比较可能会让自己变得很烦躁，而把注意力放在自我提升上才更容易收获快乐和幸福，由此孩子也更会懂得珍惜和感恩。

当孩子们问你为什么没有更大的房子或者更好的车时，父母可以这样回答孩子："我们当然可以买一个更大的房子，但是现在这套正好适合我们。另外，我们宁愿将不买大房子多出来的钱用在学习、旅行等对你来说更有价值的事情上。"

告诉孩子事实，让他们明白没有大车也能全家出门玩，也会很开心，没有私人飞机也可以举办生日宴会等，帮助孩子挖掘物质背

后的意义，比撒谎骗孩子或者不惜一切满足孩子要好得多。

有时候你的孩子可能真的想要一些比你通常的购物标准要高一点的东西，如学校里流行的某个品牌的背包，或者是一个有着额外功能的智能手机等。这时，只要购买的东西不违背你的家庭价值观，家长可以考虑购买，在这里比较推荐让孩子自己攒钱购买。

当孩子把自己的钱花在购物上时，他们往往会更好地对待自己的财产，更长时间地欣赏它们。这种方式无形当中让孩子意识到了每一件物品都凝聚了他人的劳动，都来之不易，要去欣赏并爱惜它们。

还有，家长可以带孩子认识一些来自不同家庭的朋友，或者带孩子去老人中心帮助老人，给生活困难的人送食物等。这些活动都有助于培养孩子感恩的心态，当他们意识到有些人没帮手就走不动或者连饭都吃不饱的时候，他们就会懂得自己现在的生活有多么来之不易，进而慢慢改变盲目攀比的行为。

2. 竞争比较

3岁后的孩子随着认知发展，逐渐开始和其他人比较。因为通过比较这种方式，他们才能找到参照系，进而明确自己的定位。竞争比较有利也有弊，如果家长引导的好就可以成为孩子前进的动力，如果家长引导的不好，那么很有可能导致孩子得失心过重。

明白这一点对引导孩子很关键，家长在教育孩子的过程中，不能简单粗暴地制止孩子，而是要讲究一定的方式方法。

教育方法：

给予孩子一些确定的、具体的参照物，引导孩子不过度和他人比较。比如孩子问"我是不是比××更高了",家长可以引导孩子把参照体系由外转向内,可以这样对孩子说:"对呀,你长高了好多,那是因为你吃得好,运动多,所以你更要好好吃饭和运动,争取长得更高。"

类似身高这种日常比较,家长要做的就是帮助孩子获得明确的参考系,引导孩子多从自身努力,在此基础上同过去进行比较。

需要注意的是,家长在这一问题上不要双标,不要在鼓励孩子多从自身努力的同时,又把"你比××更棒""你没有××做得好"等话挂在嘴边。

如果孩子总是自吹自擂,而且经常谈论大家都没谈及的话题,那么孩子很可能在寻求关注,或者他可能在某些方面失去了信心。

小豆丁有一段时间数学成绩一直不好,在那段时间里,他每次都会避开数学话题,但是见到别人就会反复夸赞自己:"你知道,我的球技是全宇宙最棒的,可以把所有人打败。"豆爸见状,先是夸赞小豆丁,然后接着询问他的数学成绩,小豆丁每次都找借口跑开,对数学或学习避而不谈。

小豆丁其实是在有意地回避自己的缺陷或不足。面对这种情况,家长如果就事论事,其效果并不见得就好,正确的做法应该是回应孩子背后的情绪,引导孩子正确看待失败。

　　如家长可以先肯定孩子，让孩子在情感上得到满足，然后再循序渐进地引导孩子进行自我审视，慢慢发现自己的不足，以此让孩子对自己有一个全面的认识，了解到每个人都有好的地方，也有不好的地方，在正确看待优点的同时，也要正确对待自己的缺点和不足。

　　戴维·迈尔在《社会心理学》中曾说过，我们的大部分生活都是围绕着社会比较进行的，比较对自尊感和幸福感的建立都非常重要。家长需要注意的是，不要害怕孩子的比较，而要正视孩子的比较，关键是要控制孩子的攀比。

　　当孩子年幼的时候，家长要引导孩子学会如何去看待这个世界，如何确定自己的定位，以及如何与别人相处。还有，父母要给予孩子关爱，让孩子明白，即使他不是最优秀的，父母的爱也不会消失，这样孩子才能更加健康地成长。

学习这件事，兴趣培养和挫折教育两手都要抓

"妈妈，我不想上学。"

我 不 想 上 学

我们经常看到这种孩子，他们看上去很聪明，但是做事情总喜欢偷懒，每天松松散散的状态，一说上学就找各种理由和借口。不管家长怎么苦口婆心，孩子总是我行我素，天天漫不经心、不求上进。

孩子为什么不想上学？其实，这都是厌学心理在作祟。厌学心理是指青少年在学习过程中缺乏学习的积极性和主动性，将学习看作是一种单调、枯燥、乏味的活动，因此产生没劲听课、做作业感到厌倦、讨厌复习考试，甚至逃学、旷课、辍学等行为。

有专业机构曾经在全国做过一次中小学生学习与发展大调查。经过调查发现，因为"喜欢学习"而上学的学生比例非常低。可以说，厌学心理已经是当前孩子学习心理障碍中最常见的一个问题。

很多家长认为，孩子不想上学是因为他天生懒惰、不上进，其实不然。

儿童心理学家经过研究证明，孩子自从来到世界上，就有一种与生俱来的学习和探索的欲望。可以说，探知未来是儿童的天性。

对于刚刚进入幼儿园的孩子来说，他们即使讨厌上学，也并非对学校的所有生活都厌倦和厌恶。很多厌学儿童在某些课程上表现不积极，但是在一些课外活动、校外活动、工艺性课程中却表现得非常投入，并且注意力稳定而集中。

由此可见，孩子的厌学心理并非天生，而是在后天逐渐形成的。一般情况下，孩子形成厌学心理一般会经历四个阶段：焦虑阶段、怀疑阶段、恐惧阶段、自卑阶段。

1. 焦虑阶段

焦虑阶段是指孩子因为没有实现预定的目标,继而产生的焦虑、冷淡意识。这里的预定目标既包括孩子在学习上的目标,还包括孩子在学校生活中的各种目标。如孩子希望老师能在课堂上关注自己,希望得到老师的肯定,能够顺利独立完成作业等。

如果这些目标没有实现,孩子的学习需求就得不到满足,那么孩子便可能会在心理上产生不安、焦虑等情绪。如果在出现这些情绪时,孩子仍能保持自信,那么他可能就会把压力转化为学习的动力,从而获得学习上的不断进步;如果在出现这些情绪时,孩子的焦虑情绪过重,或者频繁出现过度焦虑的情况,那么孩子就会进入厌学的第二个阶段——怀疑阶段。

2. 怀疑阶段

当孩子在学习上多次失败,多次没有达到预定的目标时,他很有可能会怀疑自己的学习能力,甚至极端地认为自己不是"学习的料子"。

这一阶段中孩子在怀疑自己学习能力的同时,有可能还会产生冷淡、不满和敌视等不良心理。不过,处于这一阶段的孩子并没有完全丧失信心,如果这时他们在学习上能获得一些成功,那么孩子的学习信心便会被重新点燃,如果孩子依旧在学习上不断失败,那么孩子很有可能会进入第三个阶段——恐惧阶段。

3. 恐惧阶段

当孩子对学习产生明显的障碍,严重怀疑自己的学习能力时,

说明孩子已经对学习产生了恐惧心理。这时孩子可能会有这些表现：听不懂老师的授课内容，对学习没有一点兴趣，一学习就头痛。

在这个阶段，孩子除了对学习会产生恐惧心理外，还会逐渐出现逃避学习的心理。当他恐惧学习但又无法逃避学习时，他就会进入第四个阶段——自卑阶段。

4. 自卑阶段

自卑阶段的孩子会把学习上的失败全部归因为自己学习能力低下，然后彻底丧失学习信心。孩子一旦丧失学习信心，并长期处于自卑状态，那么不但对学习，乃至对整个学校生活都会产生严重影响。

那么孩子的厌学心理是如何产生的呢？

1. 主观原因

学习动机不足。学习动机对孩子来说非常重要，它可以激励孩子不断努力向前，并且对学习不轻易放弃。如果孩子缺乏学习动机，那么他在学习上可能会采取一种放任的态度，没有目标，没有期望。这样的孩子缺乏奋发向上、刻苦学习的原动力。

缺乏学习兴趣。儿童期的孩子心理发展不稳定，一旦出现强烈的干扰因素，注意力很容易发生转移。调查发现，很多孩子会受周边环境的影响，将注意力转移到游戏、动画片等其他更能刺激自己感官的事物上，进而逐渐对学习失去兴趣。

学习策略不当。在学习过程中，孩子学习每门课程都需要相应的方法或策略，它们能帮助孩子有效完成各门课程的学习，进而提升孩子的学习自信。如果孩子找不到或者找不对适合自己的学习方法，那么孩子的学习可能就会毫无章法，长期下去，孩子不仅学得吃力，而且学习效果也不好，慢慢孩子便失去了学习的兴趣，不仅如此，孩子的自信心和自尊心也会受到影响。

抗挫折能力弱。对于意志薄弱的孩子来说，学习是一件非常艰苦的事情，他们一旦碰到困难就会打退堂鼓，害怕去学。长此以往，孩子的厌学情绪会越来越重，进而对学习产生严重的抵抗情绪。

2. 客观原因

<u>家庭因素</u>。在家庭方面，父母的教育方式、教养态度以及家庭氛围都会对孩子的学习产生影响。家庭不完整或者父母经常争吵都会对孩子的心理发展产生不良影响，这种情况下，孩子很难安心学习，慢慢便可能对学习失去兴趣。此外，父母如果对孩子的期望过高导致孩子心理压力过大，难以承受，孩子也有可能采用消极情绪发泄心中的不满。

<u>学校因素</u>。学校育人环境、教师的教学方法和师生关系等方面也会影响孩子的学习。教师对学生足够关心、重视，孩子的学习积极性才会更高，学习情况也会越来越好。反之，学生则可能会出现厌学心理。

教育方法：

1. 帮助孩子正确归因

孩子出现厌学心理，既有可能是由外因导致的，也有可能是由内因导致的。外因包括学习负担过重、家长期望过高、在学校得不

到重视等，内因包括孩子学习目的不明确、学习方法不科学、学习知识上有偏差等。

家长在解决孩子厌学这一问题时，要帮助孩子分析并找出厌学的真正原因，在此基础上有针对性地去解决问题。

2. 培养孩子学习兴趣

兴趣是引起和维持孩子注意的一个重要内部因素，是学习的根本动力。孩子如果对学习有足够的兴趣，那么多半不会产生厌学心理，因此家长可以注重培养孩子的学习兴趣，让孩子自觉、主动、积极地学习。

比如家长可以帮助孩子将兴趣向学习方面转移。厌学孩子也有自己感兴趣的知识，家长可以多去留意，并有意识地培养孩子的学习兴趣。

比如，如果孩子喜欢动物，那么家长可以带孩子多去参观动物园，边参观边和孩子一起讨论一些与动物相关的知识，从而培养孩子对自然生物学科的兴趣。

3. 提高孩子的抗挫能力

有些孩子有改变厌学心理的意识，但是由于抗挫能力比较差，总是半途而废。针对这类孩子，家长应当帮助孩子建立正确的自我心理防卫机制，引导孩子积极应对挫折。日常生活中，家长可以鼓励孩子多去参加一些具有挑战性的活动，比如攀岩、上台表演等，以此来锻炼孩子的意志和胆量。

4.其他方面

如果孩子的厌学心理与消极情绪有关，家长可以引导孩子适当宣泄自己的情绪。可以让孩子暂时将过重的学习放一边，彻底放松一下，或者和孩子进行深入交谈，帮助孩子宣泄不良情绪。

如果孩子的厌学情绪与家庭有关，如家长期望太高或家庭氛围紧张，家长应当及时进行调整，尽量给孩子创造一个安静、宽松的成长环境，这样才更有利于孩子的学习。

在日常生活中，家长应当引导孩子发现自身的优点，在孩子取得进步时及时肯定或表扬孩子，以此不断鼓励孩子。

并非每个孩子天生都喜欢学习，大部分孩子都是普通人，他们在困难多、付出多、回报少的时候不愿去坚持，这是很正常的。面对不想学习的孩子，家长最需要做的是给予他们帮助和理解，竭尽所能为孩子多争取一份可能。

别着急，慢吞吞的孩子需要慢慢长大

　　小豆丁的同学小萱做事慢吞吞的，大家都叫她"小磨蹭"。小萱在家里也是这样，一件衣服能穿十几分钟，吃早饭更是如此，一口饭能在嘴巴里含上好几分钟。小萱妈妈是个急性子，常常一遍遍催促小萱，但是小萱每次都无动于衷。小萱妈妈为了省时省心，干脆事事包办，每天帮小萱穿衣服、收拾书包、喂饭。久而久之，小萱妈妈每天都累得疲惫不堪，然而小萱根本体会不到妈妈的辛苦，做事还是慢吞吞。

　　孩子做事磨蹭，这让很多家长都感到很头疼。无论是做作业还是生活起居，孩子不是拖拖拉拉、三心二意，就是慢慢腾腾、"不慌不忙"，家长为此暴跳如雷，甚至天天"河东狮吼"，孩子却仍然无动于衷。

为什么使尽各种招数都改变不了孩子慢吞吞的习惯呢？到底是什么原因导致孩子做事磨蹭呢？

一、行为成因

1. 前瞻记忆能力不足

前瞻记忆是心理学中的一个名词，它是指记得未来要做某件事或要完成某项任务的能力。如果孩子的前瞻记忆能力比较差，那么他们在做事情时，除非不停地进行言语复述，直到合适的时间或者某情景出现，他们才能完成需要完成的事情，否则便可能因为"思维断片"而拖延。

比如孩子在写作文的时候经常说自己不会写，但是让他们口头表述的时候，他们也能说得很好。再如平时对话时，很多家长发现自己的孩子就是一个"小话痨"，你说一句他能说三句，但是等到真正让他去做某件事情的时候，他们又会磨磨蹭蹭，迟迟做不完。

这些其实都是孩子前瞻记忆不够完善的表现，他们无法记忆太多的内容，在旁人看来这种行为就像是思维突然断片了。

在生活方面更是如此，前瞻记忆能力比较差的孩子有两个特点：一是孩子忘性大，丢三落四总是找不到自己的东西；二是孩子做一件连续的事情需要别人不断提醒，否则自己很难完成一件完整的事情。

欠缺前瞻记忆能力的孩子，他们的大脑很容易围绕一件事情形成死循环，表现在外部环境中就是做事磨蹭。

2. 过度溺爱影响了孩子的成长发育

孩子想快，但他们不具备快的能力。这一点在独生子女家庭中尤为常见。在独生子女家庭中，家长把孩子视为掌中宝，不舍得让孩子多动一下，多做一件事，孩子应有的摸、爬、滚、打、蹦、跳等各种行为，都在"溺爱"中受到阻碍。

孩子该爬的时候不会爬，很有可能导致协调性、平衡性变差，该哭的时候不让哭，很有可能导致心肺功能减弱，甚至语言表达能力变差。总之，缺乏运动、缺乏游戏、缺乏大自然的熏陶等都容易影响孩子的发育，进而导致孩子拖延、磨蹭、做事慢吞吞。

3. 自我认知与他人评价

研究表明，拖延主要涉及孩子对时间、任务目标与自我概念的认知。拖延者经常用一种"期望式思维"看待时间，这种态度很容

易激发他们拖延更多的时间。

同时，如果孩子认为将要做的事"没有意义"，那么他就会产生"何必去做"的想法。另外，他人对自己的评价也影响着孩子是否能够成功完成任务，通常消极的评价很容易导致孩子拖延。

4. 畏难情绪

心理学界相关人士曾说过，拖延属于情绪调节问题，而非时间管理问题。

拖延是因为要完成一些具有挑战性的任务而产生的无聊、焦虑、不安、沮丧、自我怀疑等消极情绪所导致的问题。

比如孩子本身很讨厌数学，现在老师要求孩子完成好几份数学试卷，孩子就会产生抵抗情绪；再如孩子不写作业的原因，很可能是因为孩子有自我怀疑的情绪，总是在想作业这么难，如果自己做不好怎么办，因此才会一拖再拖。

二、教育方法

1. 提升前瞻记忆

前瞻记忆对我们生活和学习的影响都比较大，提高前瞻记忆，也是培养孩子良好行为的重要方法。

前瞻性记忆分为两种，一种是基于时间的前瞻性记忆，比如"明早5点我要做某事"，另一种是基于事件的前瞻性记忆，比如"我要去厨房洗个苹果"。提高孩子前瞻记忆的方法很简单，我们只需一个简单的"提示物"即可。

比如孩子在做作业时，家长可以将一只闹钟放在孩子目所能及

的地方。当孩子看到闹钟时，就会想到自己还有作业没完成，他们就会不自觉地加快速度将作业完成。对孩子来说，闹钟就是一个"提示物"，它能加强作业与行动力之间的联系，从而提高孩子的学习效率。

2. 锻炼孩子的动手能力

如果孩子磨蹭是由于家长过分溺爱孩子，进而导致孩子成长发育缓慢造成的，那么家长要想办法锻炼孩子的动手能力。平时，家长应该让孩子做力所能及的事情，如果孩子有困难，家长可以教给孩子一些具体的方法，这样在帮助孩子克服一个个困难的同时，孩子的动手能力也逐渐得到了提高，做事自然不会因为不会做或不熟练而慢吞吞了。

3. 培养孩子的时间观念

孩子如果没有时间观念，写作业、做事自然会磨蹭。家长要想让孩子成为时间的主人，就要在日常生活中有意识地培养孩子的时间观念。

比如家长可以对孩子进行 1 分钟专项训练，让孩子感受 1 分钟可以做多少事情。具体做法如下：每天准备一些加减法口算题（各年级难度不同，家长可以适度调节），让孩子做 1 分钟口算训练；找一些笔画或书写难度适中的生字，对孩子进行 1 分钟写汉字训练。

以上训练可以让孩子感受到时间的宝贵，认识到 1 分钟可以做很多事情，进而懂得珍惜时间。同时，这种训练也可以提高孩子的写字速度和做题速度。值得注意的是，进行训练时要以 1 分钟为一

组，每天练习 3 到 5 组，并记录孩子的成绩，以便进行对比。

培养时间观念是一个长期的过程，因此家长要有足够的耐心和毅力。此外，在学校或其他没有家长监督的场合，家长可以与老师或其他人共同配合，形成合力，共同督促孩子。

4.分解任务，让孩子看到希望

对于因畏难情绪而拖延的孩子，家长可以将大任务分解成一个个小的容易完成的任务，这样循序渐进、由易到难，孩子每完成一个小任务，都会更加自信，并且也更愿意去完成下一个任务。

5.科学利用孩子的注意力

孩子的有效注意时间比较短，一般在 15 到 20 分钟。如果让他们连续做一件事情超过 20 分钟，那么孩子就很容易走神。针对这类孩子，家长可以从以下几个方面提高孩子的注意力。

其一，任务分段。如果孩子当天的任务比较多，家长可以把任务分成 2 个或 3 个阶段来完成，每完成一个阶段的任务让孩子适当休息几分钟。

其二，为孩子提供安静的学习环境。孩子学习的地方，尤其是书桌，要做到简洁、整齐，不要堆放玩具、手机等会分散孩子注意力的东西。

科学利用注意力，孩子做事才更容易投入，从而有效避免拖延。

最后，父母温和的性情是孩子成长中最好的礼物。即使孩子做事慢，不容易改变，家长也要保持足够的耐心，帮助孩子一点一点进步！

第五章
行为巩固：好的行为习惯
带来好的品质

强化诚实守信，文明少年从这一步开始

　　小豆丁放学后，兴奋地拿着数学试卷对豆妈豆爸说："爸爸妈妈，你们快看，我这次数学考了 100 分。"

　　豆爸豆妈看到后都十分开心，然后称赞了小豆丁。后来，豆爸仔细看试卷时，发现小豆丁有一道题做错了，老师没有看出来。豆爸便对小豆丁说："你这次真的很棒，不过你来帮爸爸看看，这道题是不是你做错了？"

　　小豆丁着急地拿过试卷，一看果然是自己做错了，他的小脸顿时"晴转多云"，愁眉苦脸。豆爸不忍打击小豆丁，便说："没事，就一道题错了，你自己改了就好了。"

　　小豆丁听完，气鼓鼓地说："那怎么行，这样就是骗老师，我

不能撒谎，我必须要对老师说清楚。"

第二天，小豆丁兴高采烈地回到家。他告诉豆妈豆爸："今天我把试卷的事情跟老师说了，老师不但没有怪我，还在全班同学面前夸我诚实，我很高兴。"

豆妈豆爸看着小豆丁骄傲的表情，开心地笑了。

诚信是一种美德，需要从小培养。诚信的孩子往往会有较强的责任感、积极的上进心，稳重且值得信赖。

如何培养孩子成为诚实守信的人呢？家长需要注意以下几点：

1.榜样示范，言而有信

父母要为孩子树立榜样，自己说话做事一定要言而有信，承诺的事情要尽量做到，做不到的事情不要轻易承诺。相比于拒绝孩子，父母言而无信的行为对孩子的影响会更大。作为孩子的一面镜子，父母对孩子的榜样效仿作用非常大。

豆妈快下班的时候接到小豆丁的电话。小豆丁在电话里大声说："妈妈，不是说你今天接我放学吗？怎么又是奶奶来接我。我不管，你答应我了，你要是不来接我，我就不走！"

豆妈放下工作，耐心地跟小豆丁说："宝贝，对不起，妈妈没有准时去接你，妈妈向你道歉。但是如果等我下班再去接你，可能会有点儿晚，如果不愿意跟奶奶回去，那你可以和奶奶在幼儿园附近等我，好吗？"

小豆丁有些失落，他问豆妈："那你要多久才能到，会很晚吗？"

豆妈说："至少要 1 个小时。"

小豆丁犹豫了一会儿，对豆妈说："那我还是先跟奶奶回去吧。"

很多家庭都出现过类似的情况，孩子希望父母亲自接送自己，但是父母总是因为各种事情食言。的确，成人的世界里有很多无可奈何的事情，但这并不是家长可以食言的借口。如果父母因为工作原因无法接孩子放学，那么就不要轻易承诺。

如果孩子非要缠着你接他放学，你可以尝试跟孩子沟通，说明原因，同时可以给孩子一个补偿，如周末去动物园，晚上多讲一个故事等。总之，父母不要随口答应自己做不到的事情，这样会让孩子觉得父母在欺骗他们，进而失去对父母的信任，甚至效仿父母的做法。

2. 科学引导，远离谎言

很多家长并不在意孩子说的是不是实话，通常孩子说什么是什么，就这样，孩子一步步养成了撒谎的习惯。

在日常生活中，家长应该结合孩子的性格特点及具体成长环境对孩子的言行进行判断，如果怀疑孩子在说谎，在事实确凿的情况下，可以对孩子进行科学引导。在这一过程中，除了引导孩子说出真话外，更重要的是要了解孩子说谎的原因，了解孩子的心理，在此基础上，有针对性地解决问题，只有这样，才能从根本上一步步远离谎言。

3. 加强诚信教育

要想培养孩子诚实守信的品质，家长既要有长期坚持的耐心，还要有与时俱进的细心，把对孩子的教育渗透到点滴生活中，贯穿孩子的成长过程。

家长可以给孩子讲一些诚实守信的故事，让孩子明白诚实守信对一个人的重要性，以及诚信带给人的收获和不诚信可能会带来的恶果。

几位摄影师去一座很少有人涉足的山上拍照。一天，一位摄影师请当地的少年代买啤酒。这个少年为了完成任务，来回跑了3个多小时。

第二天，少年主动要求再次帮摄影师们代买啤酒。摄影师觉得少年讲诚信，便给了他很多钱，让他买10瓶啤酒。然而，直到第三天下午少年都没有回来。摄影师为此议论纷纷，都觉得是这个少年骗了他们的钱。

第三天夜里，少年敲开了摄影师的门。他告诉摄影师们，他只买到4瓶啤酒，后来他又翻过一座山，才买到剩下的6瓶啤酒。但是，返回的路上，他不小心摔坏了 3 瓶啤酒。他哭着拿着剩下的啤酒，把剩下的钱都交给了摄影师。

在场的摄影师无不动容，他们都称赞少年讲诚信，是文明少年。

当孩子听到这样的故事时，他就会慢慢明白诚信会获得别人的信赖、支持和帮助。这也是父母教育孩子的目的：让孩子知道诚实守信是一个人必不可少的美好品质。

4. 强化诚信行为

心理学家研究表明，适当的表扬有助于儿童塑造良好的品德，养成良好的行为习惯。平时生活中，家长应该多关注孩子的成长，如果孩子有诚实守信的行为，家长要及时加以肯定和表扬，使诚实守信这一品质不断得到强化，并慢慢转化为孩子自己的行为习惯。

有时候，当孩子之间约定一些事情，如周末去同学家做功课，放暑假和同学一起绘画等，家长要尊重孩子和伙伴或他人之间的约定，不能因为在同一时间需要带孩子做别的事情而忽略孩子的约定，而是要对孩子履行约定的行为大力支持。

通过这样不断地巩固，孩子会慢慢明白品质和行为之间的相互关系，进而养成诚信待人的良好行为习惯。

事实证明，家庭是儿童品德养成的重要环境，家庭教育是儿童养成优良品质的奠基石。在充满民主、爱心和责任感的家庭中成长，孩子的诚信品质才会得到很好的塑造，其智力和心灵也会随之得到正确的引导。

强化同理心，换位思考，孩子才更能理解他人

《妈妈是超人》综艺节目中，有一段霍思燕和嗯哼的互动：

嗯哼不小心被玩具扎了脚，于是他一边大哭，一边愤怒地把玩具扔了出去。这时候霍思燕给了嗯哼一个温暖的拥抱，并心疼地说："玩具太尖了，踩上去肯定会疼的。"接着，霍思燕轻柔地给嗯哼吹脚掌，轻声安抚嗯哼。

等到嗯哼情绪逐渐平静后，霍思燕对嗯哼说："以后我们不能把东西重新扔到地上，不然别人也会踩到，也会感觉到疼的。"说完，霍思燕亲自试了一下，告诉嗯哼她踩上去也会疼。

嗯哼看着妈妈，撒娇地说道："我刚才心情不好。"

霍思燕温柔说道："妈妈宁愿踩在自己脚上。"

嗯哼又问："妈妈，你心疼我不？"

霍思燕不假思索地说道："心疼啊，妈妈的心都碎了。"

嗯哼反过来安慰霍思燕："妈妈，没关系，过几天就好了。"

我们日常生活中常说的"将心比心""感同身受""换位思考"这些词就像有温度一样，可以给人带来温暖，同理心也是如此。霍思燕和嗯哼的对话充分展现了同理心的魅力。

嗯哼不小心被扎伤，并把玩具扔出去，霍思燕并没有上来就责怪嗯哼，而是拥抱嗯哼，表达对他疼痛感受的接受和理解，让他真切地感受到父母的关心和爱。然后，霍思燕与嗯哼讨论具体的事情，让嗯哼从悲伤的情绪里走出来，将焦点转移到理性思考层面。

这一系列举动让嗯哼彻底将内心的郁闷发泄出来，进一步感受到妈妈对他的爱，并且能够感知和理解妈妈的感受，给予妈妈安慰。

简单来说，同理心就是我们能够了解别人的情绪，从别人的角度看待问题。

心理学家威廉·达蒙对婴儿期至青春期的儿童同理心发展变化进行研究发现，婴儿的同理心行为通常是纯粹的，处于本能的。如婴儿听到其他婴儿的哭泣声自己也会跟着哭；看到小伙伴不开心，就把自己的食物、玩具放在小伙伴手上等，这些都是孩子同理心的行为表现。

随着年龄增长，孩子的同理心能力会慢慢内化成价值观，最后成为道德行为的核心。威廉·达蒙认为，孩子同理心发育会经过以

下几个阶段。

婴儿早期：孩子能够清楚地区分自我情感和需要，但是不能区分自我和他人的情感和需要。

1~2岁：孩子能够辨别他人的悲伤情绪，并将其发展为真实的关心，但是不能将这种情感转化为真实的行为。

儿童早期：孩子意识到在同一情景中每个人的反应各不相同，他们会对别人的情绪做出适当的反应。

10~12岁：孩子对处于不幸困境中的人产生共情，这种共情能力会对孩子的意识形态和价值观念带来人道主义色彩。

同理心有其生理的基础，是人性的基本成分之一，孩子的同理心能力越强，其社交能力就越强。华盛顿大学医学院教授斯坦利·格林斯潘证实，一个孩子感知到的同情越多，他们就越善于社交，未来也会越幸福，他们的下一代同理心能力也会越强。

分享一则故事：

有次坐飞机，飞机刚起飞的时候，大家都开始准备休息、看书。有个小婴儿突然哭闹起来，声音特别大。一时间，有的人向孩子父母投去同情的目光，有的人表示很不耐烦，甚至有些人几次想要站起来发脾气。

这时，有一个3岁的小男孩从自己的座位上爬下来，然后蹒跚地走到婴儿旁边，把手里的奶嘴递给了婴儿。婴儿咬着奶嘴，停止了哭声。飞机上的人见到后，向小男孩投以赞许的眼神。

我们总是希望孩子可以学会顾及他人的感受，改变自己的行为，但一味地说教并没有显著效果。家长需要做的是培养孩子的同理心，帮助孩子接纳人与人之间的差异，这样孩子才能去除自我中心主义，学会倾听和理解他人的需求。

如何帮助孩子拥有同理心？

孩子早期的道德观形成并没有一个特定的发展规律，其道德行为都是通过强化和模仿形成的。他们会通过观察并效仿好行为来学习道德行为，同时他们也会观察并效仿坏行为来学习不良行为。

英国一位 2 岁的小男孩詹姆在商场观看别的孩子玩游戏时，突然被两名 10 岁左右的男孩带走。然后，这两名男孩居然残忍地将詹姆殴打致死。

人们在谴责这两个男孩的时候发现，他们也有着悲惨的身世。他们的爸爸常常殴打妈妈，他们自己也会受到父母和其他孩子的殴打。可以说，他们的自尊和渴望被周围人"踩到脚底"，致使他们培养出了冷酷、缺乏同理心的人格。

基于此，<u>父母应当以身作则，做孩子的榜样。</u>

心理学家认为，婴儿时期的孩子就有学习同理心的能力。如果父母对孩子缺乏同理心，动辄打骂孩子、无视孩子，他们的孩子也会缺乏同理心。反之，如果父母对孩子体贴入微，那么孩子更容易感受到父母的关爱，并从中学到同理心。

孩子哭泣时，父母能够及时回应；孩子愤怒时，父母能及时询问；孩子不舒服时，父母能够及时关心等，在这种环境下成长的孩子同理心能力更强。

其次，父母可以从事实、想法、感受、如何做等方面引导孩子思考。

事实：发生了什么事情？

想法：你是怎么想的？

感受：你有什么感觉？

如何做：你准备怎么做？

比如有小朋友在哭，家长如果引导孩子从以上四方面思考，孩子就会说出"那位小姐姐生气了，她哭得很伤心，因为她的风筝坏了，她好可怜，我想帮帮她"，当孩子意识到这些的时候，他就学

会了理解别人的情绪。

心理学家经过研究发现，当孩子描述对方的情绪或表情时，他们的大脑就会出现与对方相似的情绪脑波，进而孩子就会收获对他人的同理心。

不过，同理心在一个场景是会失效的，就是你在对孩子说谎的时候。

相信很多家长都有过这样的经历：孩子把房间弄得很脏，你为了表示理解他，忍着怒气告诉他"没事，弄脏了没关系"的时候，孩子好像并不理解你，下次依旧会弄脏房间。

出现这种情况的原因就是，家长在和孩子表达"没事，弄脏了没关系"的时候，本身并不这样认为。

在和孩子相处的过程中，父母有没有说真话，孩子其实是能感觉到的。当人在表达非本意或敷衍的时候，人的肢体动作很多时候会暴露自己，这就是父母给孩子传达的非言语信号。

一个非常爱整洁的妈妈，不停地告诉孩子"没事，弄乱了收拾好就可以了"这样的话，或许一开始会有所成效，但是时间久了其效果就会逐渐减弱，因为孩子可以从妈妈的非言语信号中读懂妈妈本身的排斥。

装作没关系没有效果，那么干脆直接和孩子发脾气么？当然不是。其实比起伪装的理解，家长不妨换一种平和的态度，与孩子坦诚相待。有时候，孩子想要的其实只是父母诚实地表达自己的想法，承认和接受事实。

"动作快点，马上要迟到了。"

"又把玩具弄得到处都是，你就不会自己收拾吗？"

"我都说了果汁会洒出来，你为什么还要这么做？"

当家长想对孩子说这些话时，不妨冷静下来，用温和的语气告诉孩子你内心的想法。

"爸爸现在很着急，因为待会儿公司还要开一个会，所以我很希望我们可以快点出门。"

"妈妈很担心，家里如果到处都是玩具的话，你跑的时候很有可能会被玩具绊倒。"

"我觉得很可惜，果汁撒在地上就喝不了了，而且妈妈有点累，没有力气擦地板了。"

当你发自内心地表达自己真实感受时，孩子内心才会引起回声，他才会意识到"哦，我这样做不对""妈妈真的很累"，进而真正改变自己的行为。

同理心就像是孩子穿上了别人的衣服，它能够使孩子对别人的情绪感同身受。对于孩子来说，这种境界会帮助孩子赢得友善。为此，在生活中，家长可以将心比心，将同理心慢慢渗透到孩子的成长过程中，引导孩子接纳差异，从他人角度思考问题。

强化时间管理，帮助孩子高效学习生活

最近，小豆丁在妈妈的帮助下，学会了认时间。每到出门的时候，小豆丁都戴着自己的小手表，时刻提醒豆妈豆爸。

"妈妈，7点了，我们该出门了，不然会迟到的。"

"6点了，爸爸就要回来了，妈妈我帮你把碗筷摆好吧！"

"爸爸，海洋馆9点开门，现在还早，我们先做点什么呢？"

……

豆爸豆妈为此欣慰不已，都感叹小豆丁长大了，成了一个"小大人"了。

不会进行自我时间管理的孩子不仅仅浪费了时间，完不成任务

的焦虑、家长的说教指责还会让孩子产生强烈的自责情绪和负罪感，继而陷入"我不行"的恶性循环。因此，让孩子从小学会自我时间管理，培养孩子的自主能力和执行力是每个家长都要做的事情。

不过，就连成年人都难以摆脱"拖延症"，对孩子来说，"你必须好好利用时间"这样简单直接的要求显然不会有效果。那如何来做呢？

1. 时间配置可视化

认识时间是时间管理的基础，就如我们让孩子认识钟表前，必须要让他先认识数字一样，只有孩子认识时间了，他们才可能有时间管理的意识，进而利用好时间管理工具，最终成为时间管理能手。

如何帮助孩子认识时间呢？

首先，家长需要使用工具将抽象时间具象化，让孩子感受到时间的存在。时间是看不见、摸不着、无法感知的东西，家长仅仅通过口述很难让孩子感受到时间这个抽象概念，因此家长需要借助工具，如沙漏，让孩子感受到时间的流逝。

家长可以根据需要购买几个不同时长的沙漏，无论孩子看电视还是学习，都用沙漏帮助孩子计时。这种方法一是为了培养孩子的时间感知度，二是为了让孩子学会遵守规则。如果孩子年龄比较大，家长还可以用钟表、计时器等工具，让孩子随时都能看到时间，逐渐建立起时间概念。

其次，多使用时间名词。当我们跟孩子说"昨天、今天、5分钟"等词语的时候，4岁的孩子并不知道这些词语代表着什么。为了让孩子能够理解时间名词，家长可以尝试将时间名词和孩子的活动联系到一起。

如"上午看电视15分钟，骑车1小时""晚上洗漱30分钟"等，这样更容易让孩子把自己的活动跟时间联系到一起，逐渐明白"上午我需要上4节课""晚上的洗漱时间只有30分钟"等这些话语的意思，进而提高孩子的做事效率。

最后，多用准确的时间表达。孩子拖拉磨蹭时，很多家长经常用"快点""一会儿"等词语催促孩子，但是对于孩子来说，他们并不懂得"快点"是需要多快，"一会儿"又是多长时间。

因此，家长在和孩子沟通时，应当少用模糊词，多用准确的时间表达，包括"5分钟""10分钟"等准确表达时间的词。如孩子看动画片入迷，不想写作业，我们可以给孩子一个准确的表达"我们再看10分钟就去写作业"。这样给孩子一个缓冲的机会，孩子

就会慢慢感知到 10 分钟是多久。

2. 顺序性可视化

孩子同时面临几项任务时，经常会不知道如何下手，最后犹犹豫豫半天，干脆选择放弃。对于这种情况，家长要教会孩子学会分清轻重缓急，不要因为一些小的事情而影响大计划。

要想提高效率，就要把要事放到第一位，先抓住牛鼻子，然后再按照事情的轻重缓急逐步进行。这个法则不仅适用于工作，同样适用于孩子的时间管理。在孩子管理时间的过程中，按照一定的原则将需要做的任务分类，这样才有助于孩子高效管理时间。

孩子的时间有限，在一段时间内能够完成的事情也有限，所以家长有必要将孩子需要做的事情分优先级，让孩子明白需要先完成什么，再完成什么，或者哪些是不需要完成的。

在制定需要完成的任务时，家长不要一味地用自己的标准去制定一些颇具功利性的学习内容，而是要根据孩子的年龄以及孩子的想法去科学制定任务计划。

对于 5 岁左右的孩子来说，家长可以用"每天 3 件事"帮孩子从零开始建立"自律"习惯和时间观念。

每天 3 件事就是每天早上和孩子约定 3 件孩子最想做的事情，然后让孩子去做，晚上家长再和孩子一起回顾总结这 3 件事的完成情况。

在刚开始制定 3 件事情的时候，家长应该和孩子口头约定，不做任何完成要求。因为与孩子在家完全没规律，一会儿做这个，一

会儿玩那个相比，能让孩子每天主动规划要做的事情并努力做到，对于 5 岁孩子来说已经是一个很大的进步了。

因此，在初始阶段，家长不要过分硬性要求孩子，尽量让孩子随性去规划 3 件事。如果今天的计划说了没做，家长也不要强迫孩子去完成，可以在晚上回顾的时候请孩子说说原因，然后在第二天制定计划的时候，跟孩子再次确认好计划的可行性。

当孩子有了"每天 3 件事"的概念后，家长可以针对实际场景和需要，邀请孩子将每天需要做的 3 件事用自己的方式记录下来，并做一些细化。

这一步主要是为了帮孩子建立计划和执行的仪式感。其一，可以省去家长反复"说"的时间，孩子忘了可以直接看自己写的东西，他就能够很快记起来自己要做什么。其二，这样也是为了让孩子每做完一件事情做个记号，表示完成，增加孩子的成就感。

当孩子能够比较规律地记录每天的 3 件事后，我们就可以引入"周计划""月计划"的概念。比如针对一些经常做的事情制作周进度表或月进度表，并每天跟踪每一件事情的持续行动情况。

在这个过程中，家长不要逼孩子每天去完成，完不成就批评孩子。孩子学习时间管理的最终目的不是把计划表上的对勾打满，而是在这个过程中让孩子自己觉察时间，从表中得到反馈，并对自己的时间进行调整。

3. 激发时间管理的动力

很多孩子不会管理时间的根本原因是他没有管理时间的动力。

管理时间的动力大多来自孩子自主的感觉，如果孩子在某些情况下可以按照自己的意愿去自由支配时间，那么他就能体会到自主掌控的感觉，以及成就感和责任感。

这就要求家长在实践时间管理时，要给孩子留点自由度。平时可以给孩子承诺，如果在规定的时间内他高质量完成任务，那么剩下的时间就可以自由支配。在承诺时，家长要避免孩子把时间全部花在手机、电视上，可以建立一个比例，留出一些时间用于阅读、跟家人游戏等事情上。

还有一点非常重要，孩子管理时间最大的动力来自他对事情的兴趣。我们不妨想象一下，如果孩子一天要做的都是让他讨厌的事情，他还有什么兴趣去管理时间呢？

因此，在孩子可选择的活动中，家长可以设置孩子不喜欢但是必须要做的事情，但是一定要有孩子为之期盼的事情。当孩子有了做某件事情的动力后，他就会为了早点做这件事情而提高做事效率。

总之，时间管理的关键词不是效率，而是目标、期盼和向往。发现、培养和引导孩子对事情的兴趣，让孩子自觉去管理时间，才是时间管理的核心。

强化积极情绪，培养孩子成为勇敢乐观的人

豆妈下班后去学校接小豆丁。可是，天公不作美，豆妈刚到学校门口，就下起了雨。豆妈没有带雨具，于是很着急。小豆丁却说："妈妈，反正下雨我们也走不了，不如我们去旁边的超市逛逛，等雨停了再走吧！"

豆妈想了想，最后和小豆丁一起去了超市。没想到的是，恰巧超市做促销，豆妈结账时发现比平时省了将近 100 块钱。

小豆丁看着豆妈高兴的样子，开心地说："妈妈，你看，下雨不带伞也不一定是一件坏事哟！"

豆妈看着小豆丁一副云淡风轻的模样，内心不禁开始佩服小豆丁的乐观心态。

乐观情绪可以提高孩子大脑和整个神经系统的活力，使孩子体内各器官的活动协调一致，有助于充分发挥孩子的潜能，促进孩子身心健康发展。

很多家长反映，孩子好像从小就比较胆小、懦弱，一遇到陌生事物就本能性地退缩，那么如何才能让孩子勇敢乐观积极呢？其实，勇敢乐观也是可以培养的，是可以通过后天努力来实现的。

1.利用"成长型思维"引导孩子

汤姆已经 6 岁了，但他总是习惯用悲观心态看待事情。他觉得自己做什么事情都不如姐姐，他什么事情都做不好。爸爸不愿看到汤姆这么沮丧，便想尽各种办法帮助汤姆，有时给汤姆做一个很漂亮的火箭，有时帮助汤姆完成需要完成的任务。然而，一段时间过后，汤姆还是整天闷闷不乐，对任何事情都提不起兴趣。

汤姆爸爸的本意是帮助汤姆建立自信，但是他的做法传递出来的信息却是，当没有办法解决问题的时候，你可以放弃，然后让别人来解救你。这种做法不仅无法教会汤姆勇敢，反而是在教汤姆习得性无助。

习得性无助是指本来可以采取行动避免不好的结果，但认为痛苦一定会到来，于是放弃任何反抗。简单来说就是，多次的失败让你感觉不管怎么做都没有效果，以至于再遇到困难时，你都不愿意尝试就直接选择了放弃。

相对于主动帮助孩子解决困难，用"成长型思维"引导孩子也许会更有效。

什么是成长型思维呢？顾名思义，成长意味着一切都是变化的，它不否认天赋的作用，但更看中通过学习和努力提高能力。成长型思维比较高的人相信失败是因为自己不够努力造成的，为了成功他们会调整策略，加倍努力。

直白地讲，成长型思维就是为孩子建立这样一种理念：你的基本能力是可以通过努力来培养的，即使每个人的才能、兴趣、资质等各方面大不相同，但是每个人都可以通过努力和个人经历来改变，并获得成长。

此外，当孩子真的遇到挫折时，父母不能置之不理，甚至指责孩子，而应该引导孩子对失败正确归因，让孩子认识到失败本身与能力和外在因素没有多大关系，其根本在于他们的努力程度和学习策略上。

这样，孩子在面临失败或挫折的时候，通过继续努力，或者调整策略，就可以自信地去克服困难，并且不断进行积极尝试。当孩子知道可能还会失败，但仍然不气馁时，孩子便更可能获得成功。

2. 改变解释风格

"妈妈，我不小心打破了杯子。"

"你怎么这么笨，跟你说过多少次了……"

任何人都会犯错，孩子也一样。不过，比起劈头盖脸的痛骂，家长首先要做的是改变自己的解释风格。

解释风格就是我们对孩子失败原因的解释方式，它和性格一样，也可以分为乐观的解释风格和悲观的解释风格。

当我们判断一个人的解释风格时，可以从永久性、普遍性、个人化三个维度来辨别。

永久性属于时间维度，永久看法往往是悲观的，暂时的看法往往是乐观的。如解释小明在学校没有朋友时，如果你认为小明总没有朋友，这种解释就是悲观解释风格，如果你认为小明需要一段时间才能交到朋友，这种解释就是乐观解释风格。

悲观的家长会认为孩子的缺点永远不可弥补，而乐观的家长则认为坏事是因为孩子的心情或其他一些暂时的原因造成的，与孩子的能力没有很大关系。

普遍性属于空间维度，普遍看法是悲观的，特定看法是乐观的。如"同学们都不友好"这种普遍看法比较悲观，而"小明不友好"这种特定看法比较乐观。

个人化指的是当问题发生时，找原因的角度是内在的还是外在的。通常外在原因为悲观看法，内在原因为乐观看法。如骑车摔倒了，抱怨孩子笨，骑不好，属于悲观解释，若将原因归于孩子心情不好，走神了，则是乐观解释。

总之，当我们分析孩子失败的原因时，要格外注意措辞，不要用永久性、普遍性、个人化的原因归罪孩子。正确的做法应该是，

从暂时性、特定性和内在原因帮助孩子认识到失败的真正原因，引导孩子"跌倒了就要勇敢爬起来"。

在此，给大家分享一个正面案例。

10岁的莉莉特别喜欢捉弄弟弟。莉莉妈妈针对莉莉的行为，是这样批评她的："不要捉弄弟弟，你一直都是一个好姐姐，你经常和弟弟分享玩具，教弟弟玩游戏。可是，你今天怎么了？为什么对弟弟这样不友好？你知道我不喜欢这种行为。我觉得你有必要向弟弟道歉，如果你再捉弄弟弟，晚饭就不能看电视了，你明白了吗？"

莉莉妈妈批评莉莉时，并没有一上来就指责莉莉，而是指出莉莉一向是个好姐姐，并通过和弟弟分享玩具这种实例告诉莉莉，她的问题不是普遍性的，她的行为只是暂时的，这样不仅维护了莉莉的自尊心，还让莉莉对之前的表现产生了自豪感。

同时，莉莉妈妈告诉莉莉，要向弟弟道歉，否则会受到相应的惩罚，这也有助于帮助莉莉认识如何做才是正确的行为。

父母的解释风格影响着孩子的行为。父母采用悲观解释风格，孩子就会获取悲观模式，父母采用乐观解释风格，孩子就会习得乐观。

3. 教会孩子反驳自己

在培养孩子积极乐观方面，有一个ABCDE法则。A（adversity）

代表的是任何不好的事，B（believes）代表的是想法或解释，C（consequences）代表的是后果，D（disputation）代表的是反对自己想法（B）的辩论，E（energization）代表激发，就是反驳所带来的精神与行为的结果。

那么，当孩子遇到挫折时，如何进行有效的反驳呢？

第一步，让孩子回忆一件不好的事情，并把这件事情详细叙述出来。值得注意的是这一步只要求孩子叙述事实，不掺杂任何感受。

第二步，阐述想法。这一步孩子需要写下自己的解释，也就是孩子要分析发生这件事情的原因。这一步对孩子至关重要，它不仅直接对应了孩子的解释风格，还会影响孩子的感受和下一步行动。

第三步，预想事情的后果。这一步家长需要引导孩子想以下几个问题：最坏的情况是什么？如果最坏的情况发生了可以如何改善？最好的情况是什么？最有可能会发生的结果是什么？

如小豆丁不小心弄坏了同学的玩具，他想到的结果可能会有：

最坏的情况是同学非常生气，以后不和小豆丁玩了。解决的办法是，小豆丁用零用钱给同学买一个一模一样的玩具；

最好的情况是同学一点也不生气。解决的方法是小豆丁向同学道歉，并送同学一个自己最喜欢的玩具；

最有可能发生的情况是同学有些生气，并决定这几天不理小豆丁。解决的办法是向同学道歉，对同学示好，经常和同学一起玩。

第四步是反对悲观解释风格。家长引导孩子将坏事情归因于暂时性、特定性以及内在原因上，让孩子认识到事情好坏取决于自己

的努力程度。

第五步，进行反攻。帮助孩子把精力用在最有可能发生的情况上，然后制定反击计划。进行反击这一步是改变悲观情绪的关键步骤，如果孩子没能迈出这一步，那么之前的努力就会白费。

同样，举一个正面例子来阐述这一方法。

小豆丁想和同学一起去海边玩，豆妈不放心小豆丁在没有大人的陪伴下去海边，于是拒绝了小豆丁的请求，并承诺以后和豆爸一起带他去。

为此小豆丁刚开始十分沮丧，他认为豆妈只想把他关在家里，不让他出去。但后来，小豆丁意识到自己可能想得不对，他便开始思考：妈妈之前有没有让他自己出去玩过？他想起了上周末和同学去看电影的事情。

这时，小豆丁意识到，妈妈可能不是不让他去海边，而是不放心，毕竟同行的都是孩子，怕他出现危险。除了这个，还有可能是周末豆妈已经答应了外婆回老家，所以妈妈不想让他去海边。

　　想到这里，小豆丁冷静下来，然后跑到妈妈身边，真诚地向妈妈道歉，并把自己的想法告诉了妈妈。

　　作为家长，我们要努力通过科学的方法、耐心的教导和陪伴帮助孩子积极乐观地成长，让他们能够勇敢探索属于自己的人生。

强化合作意识，让孩子从小就受大家拥戴

　　最近，小豆丁在学校的交际圈开始大起来，他也慢慢产生了竞争意识。每次豆妈接小豆丁放学，小豆丁总是骄傲地告诉豆妈："妈妈，我在学校非常乖，中午我是第一个吃完饭的，老师都夸我了。"

　　刚开始，豆妈看到小豆丁有上进心还很开心。但是，久而久之，豆妈发现小豆丁好像太过于追求第一名了。有时候，豆妈更关心的是小豆丁吃饭时是否细嚼慢咽，她并不想让小豆丁为了得到第一名而狼吞虎咽。

　　竞争无处不在。从幼儿园开始，孩子就进入了合作和竞争的萌芽期。这个时期的孩子已经懂得要比其他同学做得更好，这样就可

以得到老师的奖励或夸奖，于是他们可能会经常为了争夺第一拼命与其他同学竞争。

其实不只是孩子，相信很多家长在育儿道路上，也会有意无意地陷入一种竞争的状态。别人家的孩子已经认识 100 个字了，某个小朋友已经会背多少首唐诗了等，这一系列的比较都会让父母陷入恐慌，进而逼着孩子努力竞争，争做第一名。

竞争是孩子成长过程中不可避免的，但对于孩子来说，竞争并不是他们成长的唯一目的。

在幼儿期，父母应该在孩子的独立性和自我认知方面多加以引导。竞争不仅不能带来这种个体发展，相反，过早让孩子投入竞争环境中，还有可能抑制孩子的个性发展。可以说，对于年龄比较小，尤其是学龄前的孩子来说，培养他们的合作意识比培养他们的竞争意识更重要。

合作是平衡孩子个人需求和他人需求的能力。真正的合作意味着共同努力，并且最终结果让双方都满意。

案例一：5 个月大的宝宝想要喝奶，妈妈刚洗完碗，便对宝宝说："宝贝，妈妈知道你饿了，妈妈马上过去。"宝宝安静一下，然后开始吮吸自己的手指。

案例二：1 岁左右的孩子很高兴地帮助妈妈整理衣物。妈妈对孩子说："谢谢宝贝帮我整理衣物，等会儿你和妈妈一起洗衣服好不好？妈妈可以把你抱起来，让你亲自按按钮哦。等洗完衣服，我

就陪你玩玩具。"孩子听完，欣然答应。

案例三：两个 3 岁左右的孩子为了沙盒中的红色铲子争夺个不停，两个孩子都吵着："铲子是我的！"

一个孩子的父亲走过来，将两个孩子分开，把铲子给其中一个孩子，然后把玩具推土车给另一个孩子。接着，孩子的父亲分别向他们展示如何使用推土机推土，以及用铲子将土铲入桶中。孩子学会了各自的技能，开始一起愉快地玩耍。

对于孩子来说，合作帮助他们解决了日常生活中的冲突，应对了失望，合作帮他们建立了良好的人际关系。

奥地利心理学家阿德勒曾说："如果一个儿童未曾学会合作，他必然走向孤僻，并产生牢固的自卑情绪。"由此可见，为了更好地帮助孩子立足社会，父母应该培养孩子的合作意识。

婴幼儿时期

通常，6～9个月的孩子已经开始学着和人互动，这个时期他们的模仿技能也开始发展。在这个阶段，家长可以教孩子等待和轮流来做等一些规则。

如在桶中放一块积木，然后给孩子一点思考的时间，让他学着你的动作也将一块积木放入桶中。这样轮流放置，直至桶中充满积木。玩耍时间结束时，你可以引导孩子将玩具放回架子上。这个游戏可以让孩子体会到合作的快乐。

随着孩子年龄的增长，家长可以加大游戏难度，如和孩子轮流

放置拼图，将形状填充物放入图形玩具中等。

学龄前时期

孩子到了 3 岁左右之后，已经能够理解一些简单的解释。这时，家长在与孩子进行一些合作活动时，可以简单告诉孩子为什么要合作。比如"如果你不哭不闹陪妈妈洗衣服，我们就可以早点出去玩了""大家一起收拾，这样很快就可以收拾完玩具"等。

同时，引导 2 ~ 3 岁的孩子解决日常问题时，家长要鼓励他们进行合作。如让孩子一起摆桌子、清理玩具等，并告诉他们一起合作的好处。

儿童时期

这一时期，家长应当多鼓励孩子参加社团的集体活动，或者需要多人合作才能完成的游戏，让孩子从中体会到合作的乐趣，进而提高孩子的合作意识。

在保持规则的同时给孩子选择的余地。家长在培养孩子合作意识的过程中，一定要尊重孩子，在此基础上引导孩子开展合作性行为，杜绝强制性互动。如在先听故事还是先刷牙这种开放性事情上，家长可以让孩子自己选择，表明对孩子的尊重，这种尊重可以为孩子营造更好的体验。

传递合作的重要性。模仿是孩子的天性，而家长通常是孩子的首要模仿对象。因此，家长的言行举止直接或间接地影响着孩子的发展。所以，家长要有意识地向孩子传递合作的重要性，帮助孩子树立合作意识。

社会是一个大集体，合作则是一种社会性行为。无论是成人，还是孩子，合作意识都是需要终身学习，并不断发展的。在孩子的成长过程中，家长要不断帮助和引导孩子建立合作意识，养成与他人友好合作的行为习惯，这样孩子才会成长得更好。

第六章

行为警示：当孩子有这些行为时，家长要提高警惕

害怕上学，成绩突然下降，孩子可能正在遭受校园暴力

14 岁少年被同校同学殴打至颅脑损伤，最终抢救无效死亡。

某校女生 35 秒被掌掴 14 次。

女生被 4 名学生殴打，导致鼓膜穿孔。

近年来，校园暴力事件时有出现。校园暴力严重影响了孩子的校园生活。面对这一现状，很多家长开始担心：我的孩子有没有遭受过校园暴力？如何避免我的孩子遭受校园暴力？

在回答这些问题之前，我们有必要先了解一下什么是校园暴力？

校园暴力是指带有敌意地使用威胁、强制、攻击等手段来控制他人的暴力活动。校园暴力最本质的特点是它属于一种不对等行为，攻击者往往在身体上、权力上或社会地位上强于受害者，并且这种行为是一种习惯性行为，极有可能会反复发生。

目前来看，校园暴力可以是言语上的，也有可能是行为上的。

言语暴力包括以下方面：给别人起带有侮辱性的外号，使用带有侮辱性的话语；嘲讽他人；散播关于他人的谣言等。

行为暴力包括以下方面：集结同伙一起孤立他人；暴力行为、肢体攻击等。

暴力行为、肢体攻击是最常见的校园暴力形式。不过，在现实生活中，很多暴力行为、肢体攻击会被认为是小孩子之间的正常打闹。区分"小孩子之间的正常打闹"和暴力行为关键还是要以孩子的感受为基准来进行判断。

当孩子与同学出现肢体冲突时，如果冲突双方都能站在保护自己的角度去进行回应，并且冲突解决后，短时间没有再次发生，孩子的情绪也能得到很快恢复，这种冲突我们通常理解为正常的打闹行为。

如果孩子经常无缘无故被更多的同伴找麻烦，并且在冲突中无法保护自己，情绪因此受到持续影响，无法正常应对学习、交友等日常生活，这种不平等的、反复发生的冲突，我们称之为校园暴力。

孩子遭受校园暴力的表现

如何判断孩子是否受到了校园暴力？通常情况下，如果孩子出

现以下异常行为，那么意味着孩子可能遭受了校园暴力，家长应当引起重视。

身体上总是出现瘀青和伤痕；

很少和同学来往，身边没有什么朋友；

很少在家里谈论在学校发生的事情；

产生厌学情绪，不想上学，不想参加学校的集体活动；

经常失眠、做噩梦；

刻意回避与学校、老师、同学相关的话题；

学习成绩突然下降，之前感兴趣的科目也不感兴趣了；

食欲不振；

情绪不稳定，经常情绪低落或哭泣；

不想和同学一起出去玩，做什么事情都心不在焉。

很多家长在得知孩子被欺负后，通常会气势汹汹地质问孩子，并扬言要为孩子报仇。这种行为虽然是家长爱子心切的一种表现，但是对于遭受校园暴力的孩子来说，这只能加剧他们的害怕和担忧。

其一，遭受过校园暴力的孩子多半受到过施暴者这样的威胁："如果你告诉老师或家长，我就会……"其二，家长没有办法时刻在学校保护孩子，所以这种过激行为很有可能导致孩子的精神受到二次伤害。

那么家长应该如何帮助孩子应对校园暴力呢？

1. 注意沟通方式

即使家长非常愤怒、焦虑，也要控制自己的情绪，坐下来，以平和的态度与孩子沟通。在沟通时，家长应当选择孩子觉得安全的场所或环境，如孩子的房间。沟通过程中，家长还要尽量避免陌生人或与孩子关系不亲密的外人在场，以免影响孩子的表达。

沟通时，受到欺凌的孩子可能因为害怕家长不理解批评自己，害怕告诉家长后欺负他的人会变本加厉，害怕告诉家长后自己会被同学孤立等各种原因不愿意开口或者很难开口。这时，家长不要强迫孩子，要尽量通过一些委婉的方式与孩子沟通。

如在看电视节目时，可以利用电视节目中的相关场景询问孩子：你觉得这个人这样做对吗？你们学校有没有这样的学生？或者家长可以试着与孩子讨论一些这样的问题：你在学校有很要好的朋友吗？你有没有不喜欢的同学，你为什么不喜欢他？

2. 给予孩子充分理解

在与孩子沟通时，家长首先要控制自己的情绪，避免过激行为带给孩子更多情感上的刺激，还要注意不要因为愤怒而鼓励以暴制暴的行为。

其次，家长应该让孩子明白遭受校园暴力不是他们的错，要理解孩子的感受，耐心倾听他们的倾诉，并和孩子一起寻求解决问题的方法。

最后，家长要注意不要给孩子贴上"受害者"的标签，避免孩子固定自己的角色，无法回归正常生活。

3. 借助专业的心理咨询师

如果你的孩子持续存在以下情况，建议及时帮助孩子寻找专业的心理咨询师：情绪低落或常常哭泣；睡眠和饮食不正常，经常失眠做噩梦，食欲不振；性格变得孤僻，不喜欢和同学来往，不喜欢参加学校集体活动；注意力下降，学习成绩下降，很容易感受到不安全感或受到惊吓；常常对他人或环境表现出很强的攻击性，出现伤害小动物的念头或举动。

与家长沟通相比，专业心理咨询师能够给予孩子更专业的指导和帮助，进而有效帮助孩子摆脱校园暴力的精神伤害，重新建立自信心。

一方面，专业心理咨询师会在与孩子建立稳定关系的基础上，使用沙盘疗法、认知行为等相应的技术帮助孩子重建自信，找回安全感。另一方面，专业心理咨询师也可以教会孩子如何自我保护、寻求帮助以及躲避危险。

4. 积极与老师沟通，了解事件的细节与过程

首先，家长要了解整件事情的来龙去脉。详细了解孩子遭受校园暴力的时间、地点、具体方式，同时还要了解关于校园暴力的相关法律法规。

第二步，家长向老师了解孩子的日常情况。尽可能地通过老师了解孩子的学校生活。

第三步，详细记录沟通过程和结果。无论最后家长是否和学校

达成一致，家长都应当详细记录沟通的过程和结果，监督学校采取措施保护孩子，避免校园暴力行为再次发生。

在与学校沟通的过程中，家长要尽量把对孩子的影响降到最低。

一方面，家长与学校沟通时，要尽可能地减少对孩子正常生活方式的改变，如调换座位时避免单独更换孩子座位，而是全班大范围调换座位。

另一方面，家长不要抱有"不想把事情闹大""大事化小，小事化无"这种心态，而是要充分利用好学校资源，真正让学校参与到解决问题的过程中来。

总之，在面对校园暴力时，家长应当与孩子互相尊重，互相信任，互相支持，一同对抗校园暴力，重建自信。

不看，不应，不语……小心孩子可能的 "自闭问题"

1 岁半的聪聪对数字特别敏感，记忆力也比同龄小朋友好很多，家人都非常喜欢他。奇怪的是，聪妈每次叫聪聪的时候，聪聪都没有反应，而且家里玩具一大堆，他却只对拼图感兴趣。而且，同龄小朋友已经开始说一些词组了，但是聪聪还不会说话。

聪妈有点担心，便带聪聪去医院检查。医生检查后，告诉聪妈，聪聪可能有自闭问题。聪妈一下傻了眼，聪聪一向比较聪明，怎么会有自闭问题呢？

说到自闭问题，很多家长想到的可能是电影《雨人》中的哥哥

雷蒙，他身患自闭症却有着惊人的记忆力，又或者是《最强大脑》节目中能轻松算出 16 位数 14 次方的周玮。

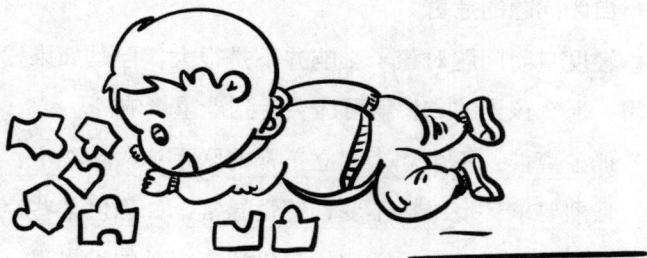

基于这些案例，很多家长有一种错误的认识：表面沉默寡言、不喜欢与人交往的孩子，其实都有着过人的天赋，因此无须过多关注这类孩子。事实上，孩子出现的轻度自闭问题很可能会导致严重的社交障碍，如果任由其发展不予理会，那么不仅可能引发重度自闭，还有可能导致孩子无法独立生存。

什么是自闭症？

自闭症又叫作 ASD，也就是孤独症谱系障碍。患有自闭症的孩子会出现不同程度的交流障碍，比如对你说的话毫无反应等。曾经有专家指出："当我们问出一个问题时，存在自闭问题的孩子不会回答问题，只会重复问题，我们没有办法和他们正常交谈。"

简单来说，自闭症孩子不盲，但对周围事物却视而不见；不聋，但对周遭充耳不闻；不哑，但却不知道如何和周围人进行交流。

近几年来，孩子自闭问题出现率越来越高，自闭症严重影响着孩子的生活状态和身心健康。相关研究显示，存在自闭问题的孩子在语言、社会互动、沟通交流等方面都存在很大缺陷。

自闭问题的危害

轻度自闭问题对孩子影响并不是很大，但是如果发展成为重度自闭，那么孩子的成长就可能会受到严重影响。

孤独离群，不会和人建立正常的联系；兴趣狭窄，行为刻板重复，强烈要求环境维持不变；感觉异常，如恐惧某些声音或图像，痛觉迟钝等；缺乏沟通欲望，只生活在自己的世界里；出现自伤、自残行为，轻度的有反复吸吮、抠嘴、挖鼻孔等动作，严重的会划伤自己的身体。

自闭问题的表现

研究证明，早期干预能够有效避免或减轻孩子的自闭问题。而进行干预的第一步就是，尽早识别孩子自闭的明显警告信号。

每个孩子的发育速度不同，我们很难确定孩子在什么时候学会特定的技能。不过，在孩子的发育过程中，有一些普遍的里程碑式的行为。如果缺乏这些行为或这些行为有显著退化，那么这很有可能是孩子存在自闭问题的早期迹象。

孩子出现自闭问题时可能会存在下面一些行为信号。

1. 不看或少看

不看或少看是指孩子的目光接触异常。如果孩子早期缺乏或缺少有意义的社交刺激注视，尤其对人眼部分的注视过少，那么孩子

可能就会出现不看或者少看现象，如跟人沟通时，不注视对方。这些孩子可以说话，但是面对面注视仍然不正常。

2. 不应或少应

不应或少应包括叫名反应和共同注意。

叫名反应是孩子对父母呼唤名字充耳不闻，或者较少回应。叫名反应不敏是家长较早比较容易识别的自闭行为。

共同注意是孩子早期社会认知发展中的一种协调性注意能力，也就是孩子借助手指指向、眼神等与他人共同注意某一物体或事件。如父母用手指着树枝上的小鸟，孩子能通过手指指向和父母一起观察小鸟等。如果孩子在这方面的行为表现比较弱，家长就要加以重视了。

3. 不指或少指

不指或少指就是孩子缺乏恰当的肢体动作，对感兴趣的事情无法提出请求。如不能按照老师指令举手、起立，不会用点头表示需要，摇头表示拒绝，用手势进行比划等。

4. 不语或少语

大多数存在自闭问题的孩子都存在语言延迟问题。

5. 不当

不当是指孩子的感知觉异常或使用物品方式方法不恰当。如难以听懂别人的言语，难以重复言语，总是说些无意义的话等，或者持续注视物品、一直旋转或排列物品等，这些行为都是自闭问题的行为表现。

随着诊断水平的提高，目前孩子确诊存在自闭问题的平均年龄也越来越提前。通常来说，孩子在 3 岁左右确诊的结果比较准确。

总之，在孩子的成长发育方面，家长不要持"观望"态度，而是要注意孩子发育过程中的所有异常行为，做到有问题早发现早治疗。

很多人把存在自闭问题的孩子叫作"星星的孩子"，这些孩子就像是天上的星星，他们在遥远而漆黑的夜空中独自闪烁着。我们或许感受不到他们的孤独和艰难，也可能做不到百分之百地理解他们的想法，但我们可以全力去关爱他们，平等地看待他们。长此以往，他们终有一天会感受到温暖和快乐。

"小机灵"突然沉默不语，孩子可能抑郁了

　　6岁的旭旭一直是家里的"小机灵"，家里人都非常喜欢他。不知道怎么了，旭旭最近情绪一直很低落。旭爸旭妈认为，旭旭可能是在学校压力太大了，出去玩一玩就好了。于是，他们便在周末带着旭旭去游乐场玩耍。没想到的是，平时最喜欢游乐场的旭旭，如今面对众多游乐项目却一直无精打采，闷闷不乐。旭妈担心地问他怎么了，他也沉默不语。旭妈对同事说起这件事的时候，同事觉得旭旭可能有抑郁问题，让旭妈带旭旭去医院检查一下。旭妈心想，抑郁？旭旭还这么小，怎么会抑郁呢？

很多人都像旭妈一样，很难把抑郁问题和儿童联系到一起，对于"童年期抑郁问题"这个词更是闻所未闻。

小孩子怎么会有抑郁问题呢？有什么事会让孩子抑郁呢？小孩子情绪低落很正常，过两天就好了。当然，情绪低落、悲伤，这些感觉在儿童身上时有发生，无伤大雅，但是如果这些心理或行为改变了孩子的日常生活，影响了孩子成长的方方面面，那么就有可能产生抑郁问题了。

近几年的数据表明，儿童和少年产生抑郁问题的概率越来越高，其年龄也有越来越年轻的趋势。如果家长在孩子刚开始出现抑郁问题时忽视孩子，延误病情，不但会妨碍孩子身心健康发展，对自身成长造成诸多困扰，甚至还有可能致使孩子发展成严重抑郁，进而危及孩子的生命。

为什么会得抑郁症？

1. 抑郁遗传基因

相关数据表明，如果孩子的父母有一方曾经患有抑郁症，那么孩子存在抑郁问题的概率大约为 25%，如果父母双方都曾患有抑郁症，那么孩子患抑郁症的概率很有可能达到 50%。

2. 神经物质失衡

在我们的大脑中存在着血清素、正肾上腺素等神经传导物质，它们负责控制我们的情绪。如果这些物质分泌不足，那么我们的情绪也会随之失控。

3. 心理创伤

根据调查，多半有抑郁问题的患者都曾经历过一些重大的、导致生活发生巨变的事件。这些事件经过发酵，逐渐形成心理创伤，进而诱发抑郁症。

抑郁表现

一旦发现孩子有抑郁问题，家长应当及时干预和治疗。那么，如何判断孩子是否有抑郁问题，其具体表现有哪些呢？

1. 情绪问题

情绪低落，不喜欢和周围人沟通；情绪出现偏激，脾气变得暴躁，甚至出现一些破坏文具、玩具的行为；思想越来越散漫，生活节奏变得越来越慢；当发生一些小事或者被别人超越时，会心情低落，陷入自责当中。

2. 行为问题

不喜欢说话，喜欢一个人独处，和别人交谈时经常闷闷不乐；不喜欢社交，不喜欢去人多的地方；喜欢逃避事情，上学时出现抵触情绪，有轻微厌学心理；经常一个人发呆，或者一直躺在床上不愿意起来。

3. 身体问题

食欲下降，不愿意吃饭，开始挑食；经常觉得没有力气，做事无精打采；动作变得迟缓，做什么事情都慢吞吞；不如以前活泼，说话总是有气无力；睡眠质量下降，有时会失眠。

抑郁问题并不是空穴来风，其出现必有一定的原因。

小星 7 岁的时候她的妈妈在一次事故中去世了，她因此抑郁，开始出现很多怪异的行为：恐吓别的小孩；不开心的时候抓破自己的脸；画一些受伤的人、被杀的人等恐怖的画。

小星的抑郁问题就是因为妈妈骤然离世，这给她造成了极大的心理创伤，致使她的行为发生了改变，不愿意走出自己的世界。

如果孩子刚开始出现抑郁问题，家长一定不要把抑郁想成精神病或神经病，觉得没有希望改变孩子。其实，早期抑郁并没有那么可怕，如果及时进行干预，它并不会妨碍孩子的正常成长。面对孩子的抑郁问题，家长要多关注孩子，正确教育孩子，帮助孩子走出悲伤，重新建立一个快乐的世界。

教育方法

很多人将抑郁比作心灵"感冒"，这种"感冒"人人都容易出现，但是也可以治愈。因此，家长不要怀有病耻感，而是应该多与孩子沟通，正视孩子的病情，采用科学的方法进行干预。要想让孩子说出自己的困扰，重新振作精神，父母可以尝试以下方法。

1. 进行定期家庭交流会

家庭交流会是一种有效促进家庭关系、建立和谐家庭氛围的交流方式。通过家庭交流会，父母可以获知更多孩子的具体生活情况和情绪变化，以便及时帮助、指导孩子。

李嘉诚非常注重亲子之间的交流，他在家庭中定下一条规矩：无论有多忙，全家人周一晚上都要坐在一起吃顿晚饭，互相交流最近发生的事情。几十年来，李家所有人都遵守这个规矩，每到周一晚上，所有人都会出现在餐桌上，平等地分享日常生活，交流日常心得。

家庭交流会看似是一次简单的聚会，但其实不仅是父母给孩子营造的诉说机会，也是父母给自己提供的一次了解、帮助、指导孩子的机会。

2. 进行挫折教育

挫折教育是孩子人生中的必修课。在孩子成长过程中，当他们遇到不尽如人意的事情时，难免会有挫败感、无力感。此时，家长

应该努力帮助孩子在挫折中找到"出口"，从而让孩子可以勇敢面对生活。

亲子节目《爸爸去哪儿》中，一向都很霸气的吴镇宇，在儿子费曼遇到挫折沮丧的时候，他并没有霸气地帮助孩子直接解决问题，而是告诉费曼："没有办法啊，这世上很多事情都没有办法。"

在日常生活中，父母传递给孩子的不是凡事做到完美才算成功，而是不管遇到什么事情都可以用平常心来面对。正是因为"人无完人"，所以人才永远有进步和改善的空间。比起完美，孩子需要做的是勇敢面对挫折，努力让每天都变得更好。

3. 传达关爱理念

很多父母非常看重孩子的成绩，甚至每天都在向孩子传达成绩的重要性，一旦孩子成绩下降就会受到"暴风骤雨"般的批评。成绩固然重要，但是这种做法很有可能会导致孩子产生一种错误的观念：父母只喜欢成绩好的孩子，不喜欢自己。

这种因为对父母的爱产生怀疑，进而陷入抑郁的孩子比比皆是，因此造成的惨剧也数不胜数。在这一点上，父母应该明白：比起一个早逝的天才，一个健康、快乐的孩子更重要。

所以，家长在平时要给孩子传达的思想只有一个：我们之所以要好好学习，是因为父母足够关爱我们，不想让我们未来因为学历低、没文化而生活窘迫，这并不代表我们成绩不好，父母就不再爱

我们了。

　　此外，最重要的一点是，一旦发现孩子有抑郁问题或倾向，应该及时向专业人员进行咨询。因为抑郁并非心理上的短暂变化，也不是一个不理睬就会自然消失的心理状态，必须要通过专业的治疗才能治愈。

　　平时，面对有抑郁问题的孩子，家长要多与孩子沟通，给予关爱，耐心倾听他们的感受，帮助他们重振精神，积极乐观地面对生活。

附　录

那些影响孩子的心理学规律

家庭教育是一门"动心"的艺术，只有把教育做到孩子的心坎儿上，才会收到有效的教育成果。在教育孩子的过程中，每位家长都应该了解一些影响孩子的心理学规律，并积极运用规律改善孩子的不良行为，培养孩子良好的行为习惯。

心理规律一：超限效应

有一次，马克·吐温在教堂里听牧师演讲。最初，马克·吐温觉得牧师讲得非常好，想要给教堂捐款。10分钟后，牧师依旧滔滔不绝，马克·吐温听得有点不耐烦，他打算只捐点零钱。

又过了10分钟，牧师还津津有味地演讲，马克·吐温失去了

耐心，他决定一分也不捐了。又过了 10 分钟，牧师终于结束了他的演讲。可是，这时的马克·吐温不仅没有捐款，还生气地从盘子里拿了几元钱。

故事中，马克·吐温这种由于刺激过多或作用时间过久引起的逆反心理就叫作"超限效应"。

在教育孩子的过程中，经常会出现超限效应。如家长总是告诉孩子"如果你不关掉电视，我就罚你面壁思过"，久而久之，孩子就会产生"我就知道你会这么说，但我偏不这样做"的逆反心理。

每次遇到问题，家长总是重复地说教，这样的教育方式不仅起不到作用，反而会引发超限效应，让孩子与你对着干。要想摆脱这种困境，家长就要避免超限效应，正向引导孩子。

1. 不要总是说，还要懂得"听"

有效的亲子沟通必须建立在平等之上，双方都要有表达的机会。因此，在日常沟通时，家长不要着急吐露自己的不满和牢骚，应该给孩子一个说话的机会，让孩子可以表达自己的想法，这样孩子才能感觉到被尊重，才愿意把家长的话"听进去"。

2. 拒绝翻旧账，"今日事今日毕"

孩子每次犯错，家长要一次性给孩子说清楚事情的来龙去脉，帮助孩子分析错误，制定改进计划。当孩子了解问题所在，接受改进意见后，家长不要揪着孩子的错不松口，经常翻旧账，正确的做法应该是一个问题一次解决，以后无论怎样都不要反复提及。

心理规律二：恒河猴实验效应

心理学家哈洛将一只刚出生的婴猴放进一个隔离的笼子中，然后用两个假猴子代替真母猴。其中一个假猴子是铁丝做的，并且胸前被安置了一个可以提供奶水的橡皮奶头，另一个假猴子则是用绒布做的，胸前并没有安置任何东西。

过了几天，哈洛惊奇地发现：婴猴只有在饥饿的时候才会跑到铁丝猴那里喝几口奶，大部分时间都是和绒布猴子待在一起；当婴猴遇到不熟悉的物体，如一只木质大蜘蛛时，它会立刻跑到绒布猴子怀里。

哈洛的这一实验证明，灵长类动物所需要的爱不仅仅是单纯的触摸、运动、玩耍，它们更需要温暖的依恋和陪伴。

抚养孩子也是如此。父母和孩子之间不单单是照顾与被照顾的关系，更多的是充满爱的互动和陪伴。

如果每个家人对孩子的照顾类似于"轮班制"，如白天奶奶照顾，晚上妈妈照顾，周末爸爸照顾。这种"轮班"的方式看似是一种科学的方法，但在孩子内心深处的体验可能是：我好像一个物品，一直被亲人们不停地传来传去。

对于孩子而言，除了一日三餐以及正常的起居生活之外，他们更需要家人温暖的抚慰和耐心的陪伴。只有孩子在家庭中感受到爱，体会到爱，他才能学会爱自己以及爱他人。

心理规律三：德西效应

有一群孩子经常在一位老人家门前嬉闹，还经常大喊大叫。老人非常难受，他便想了一个办法。

这天，他给了每个孩子 10 美分，告诉孩子们，他们让自己家变得很热闹，所以他用这点钱来感谢他们。孩子们十分高兴，第二天又兴高采烈地来到老人门前玩耍。这次，老人只给了每个孩子 5 美分。孩子们有些沮丧，但是第三天他们依旧想过来试试。然而，这次老人只给了每个孩子 2 美分。孩子们见钱这么少，纷纷表示以后再也不来这儿玩耍了。

这个故事中，老人使用的方法不是粗暴地赶孩子们走，而是将孩子的"为了自己快乐而玩"这个内部动机变成了"为了得到美分而玩"这个外部动机，当老人改变外部因素时，就操纵了孩子们的行为，这就是著名的德西效应。

日常生活中，孩子也会受到德西效应的影响。如父母经常用物质奖励激励孩子好好学习，刚开始孩子的学习动力有所提高，但是久而久之孩子的学习兴趣就会慢慢消退。

要想正确使用德西效应，父母要做的应该是引导孩子树立远大的理想，增加孩子对学习本身的动机，帮助孩子找到学习的乐趣。如将游戏机、玩具等物质奖励变成书本、学习用具等对学习有帮助的物质奖励。

心理规律四：南风效应

北风和南风一起比威力，看谁能够把行人身上的大衣脱掉。

北风使尽浑身解数，吹出凛冽的寒风，但是行人却把身上的大衣裹得越来越紧；南风借着和煦的阳光，徐徐吹动一阵阵暖风，行人们觉得十分暖和，纷纷开始脱掉大衣。

就这样，南风赢得了这场比赛，北风看着南风得意的样子，沮丧地离开了。

南风之所以能够获胜，是因为它顺应了人的需求，让人们自觉脱掉了大衣。这样启发自我反省，满足自我需要而产生的心理效应就叫作南风效应。

教育孩子过程中，南风效应同样会影响孩子。

譬如父母想要孩子考上理想的学校，多半会这样教导孩子：你不好好学习以后只能捡垃圾，不好好学习就没人给你治病，别人都会欺负你。在这种教育方式下，孩子多半会因为恐惧而去学习，即使最终考上大学，内心也会承载着巨大的心理压力，并且反脆弱能力很差。

如果父母换一种方式，从小鼓励孩子。如孩子喜欢小动物，就鼓励孩子努力学英语，这样就能考上非洲的大学，就有机会接触更多的动物；孩子喜欢超人，想做英雄，就鼓励孩子坚持锻炼身体，这样就可以像超人一样充满力量。在这种鼓励之下，大部分孩子都

愿意为了自己的梦想去努力。

人都喜欢听鼓励和夸奖的话，用鼓励的方式教育孩子，孩子更愿意努力去维持良好品格，努力去做更好的自己，父母自然也能获得事半功倍的效果。

心理规律五：罗森塔尔效应

罗森塔尔曾经做过这样一个实验：他将一群小白鼠随机分成A、B两个组，然后告诉A组的饲养员，这组的老鼠特别聪明。接着，他告诉B组的饲养员，这组的老鼠智力一般。几个月后，罗森塔尔让两组老鼠同时进行迷宫测试，结果A组的老鼠比B组的老鼠先走出迷宫并找到食物。

罗森塔尔因此受到启发，他想到人可能也会受到这种效应的影响。于是，他去了一个普通中学，然后随便在一个班级的学生名单上圈了几个名字，告诉他们的老师说，这几个学生智商很高。过了一段时间后，他再次来到这所学校时发现，那几个被他选出的学生真的成了班上非常优秀的学生。

故事中所讲的就是著名的罗森塔尔效应，这种效应之所以会对老鼠和人发生作用，是因为"心理暗示"这一神奇魔力在发挥作用。

我们每个人在生活中都会接受各种心理暗示，这些心理暗示有些是积极的，有些是消极的。显然，积极的暗示更容易使人进步，消极的暗示则容易让人自卑。

教育孩子也是如此，如果父母长期给予孩子消极、不良的心理暗示，孩子的情绪就会受到影响，甚至会影响身心健康；如果父母给予孩子积极、肯定的心理暗示，孩子则会更加自爱、自信、自尊。

　　学习了解孩子行为背后的心理学规律可以让我们更好地理解孩子的行为，在此基础上对孩子的教育方式进行深入思考，努力找到适合孩子个性的教育方法，从而帮助孩子更好地成长。

改变孩子行为的十大教育方法

大多数孩子在出生时的差异都不大，但是由于环境和教育方法的差别，有的孩子可能会成为人人称赞的"天才"，有的孩子则会变成"凡夫俗子"。

《伤仲永》中方仲永本来十分聪明，因为后天他的父亲不让他学习，单纯让他做一个赚钱的工具，最终方仲永沦为了一名普通人。这是一个典型的教育失败的案例。

在此，我们不妨借鉴世界上影响比较大的10种儿童教育方法，灵活运用这些方法去教育孩子，改善孩子的不良行为。

教育方法一：全能教育法

19世纪，德国牧师卡尔·威特的儿子小威特被称为天才，他3岁半开始认字，6岁开始学外语，8、9岁就能自由运用英、德、法、意、拉丁和希腊等多国语言，并通晓物理学、化学、植物学、数学等多门学科知识。9岁考入大学，13岁被授予哲学博士学位，16岁获得法学博士学位……他的一生可以称得上是传奇的一生。

卡尔·威特虽然只是一名牧师，但是他非常有创造性，在培养小威特时，他探究出了一套系统的教育方法——卡尔·威特教育法。

1. 尽早挖掘孩子潜能

卡尔·威特认为，对孩子成长最重要的不是天赋而是教育，孩子最终成为天才还是庸才，取决于他从出生到5岁的教育。

小威特小时候并没有想象中那么聪明，甚至还有些痴呆，但是卡尔·威特并没有灰心丧气，他始终对小威特充满信心。卡尔·威特认为，只要能够尽早地教育小威特，小威特肯定能够战胜所有的困难，最终获得成功。

2. 养成良好的学习和生活习惯

在学习和生活方面，卡尔·威特对小威特的要求非常严格。在小威特学习时，卡尔·威特绝不允许有任何干扰。他还培养小威特做事敏捷的习惯，如果小威特做一件事磨磨蹭蹭，那么即便小威特做得再好他也不满意。

教育方法二：以孩子为中心的教育法

蒙台梭利毕生从事儿童教育研究工作，形成了一套独特的、科学的教育理论和方法。她认为，儿童有着与生俱来的"内在生命力"和"内在智慧潜能"，这种力量和潜能是无穷无尽的，要想教育好孩子，就要充分利用儿童这种天然的特点，一切以儿童为中心，让他们在自由和快乐的学习环境中获得成功。

蒙台梭利认为，孩子成才不是一蹴而就的，需要家长长期坚持不懈的努力。首先，家长对孩子的早期教育要全面；其次，要抓住孩子各种智力潜能开发的关键期，如3岁左右是孩子学习音乐的关键期；最后，对孩子的早期培养和训练也要因兴趣而异。

教育方法三：零岁潜能教育法

井深大是日本著名的索尼公司创始人之一，他退休后致力于儿童早期潜能教育的研究，最终成了享誉世界的早期潜能教育权威。

井深大有一个智力偏低的孩子，在孩子幼年的时候，他并不知道只要对孩子进行适当的教育就可以拓展孩子的能力。后来，井深大了解到著名专家铃木镇一的教育方法：无论怎样的孩子，只要教育得当，都可以培养成有用的人才。于是，井深大开始致力于幼儿智力开发研究。

他认为，家长应该重新思考孩子的才能，尽早激发孩子的潜能，培养孩子的语言能力、动手能力等各方面能力，以及生活、学习行为习惯。

教育方法四：多元智能教育法

世界著名教育心理学家霍华德·加德纳认为，幼儿是人一生中最重要的阶段，父母在这一阶段的教育决定了孩子将来的成就，因此家长教育孩子的重点就是如何启发孩子的多元智能。

加德纳认为每个人至少有9种智能：语言、数学逻辑、音乐、身体、空间、人际关系、内省和自然观察智能等，只要有目的性地培养和平衡孩子的多元化智能，"差生"几乎是不存在的。

教育方法五：家庭影响教育

一位父亲工作十分繁忙，几乎没有时间陪伴孩子。

一天，孩子问父亲："你1个小时可以挣多少钱？"

父亲回答道："10元。"

儿子说："那么，你可不可以借我1元钱？"

父亲疑惑，但是还是把钱给了孩子。

孩子接过钱之后，又从口袋里掏出9元钱，然后把10元钱都给父亲。说道："我可不可以用这10元钱买你一个小时的时间来陪我玩？"

父亲听完之后，感到万分惭愧。

家庭是教育孩子的第一站，也是最最重要的一站。英国著名教育家夏洛特·梅森认为大多数孩子初期都是在家庭里成长的，什么样的家庭就会造就什么样的孩子。也可以说，家庭早期教育可能会

决定孩子的一生。

因此，在家庭教育方面，家长应当做到以下 7 点：尊重和体谅孩子；经常陪伴孩子，和孩子一起游戏或工作；和孩子建立弹性的亲子关系，对于孩子能做的事情尽量放手让孩子自己去做；帮助孩子树立自信心；给孩子独立完成任务的机会；让孩子养成规律的生活作息；给孩子创造与同龄伙伴接触的机会，让孩子知道如何与他人相处。

教育方法六：实践教育法

日本著名教育家多湖辉认为，父母是孩子"教育的实践者"，只要父母留意，生活中处处都是教育机会，都可以展现我们的教育创意。如孩子不喜欢历史，家长可以带孩子去历史博物馆参观；孩子不喜欢数学，可以带孩子去超市，让孩子自己购物算账等。这些小的教育创意都可以给孩子一定的启发。

多湖辉的教育方法众多，其中家长可以借鉴以下几点。

1. 尊重孩子。孩子拥有自己的独立人格，只有尊重孩子才能培养出懂得自尊的孩子。

2. 把学习变成游戏。游戏是孩子的主要活动，通过游戏，孩子可以认识环境，适应生活，学习知识，发展体魄，同时得到快乐。

3. 达成教育共识。父母的言行对孩子有着很大的影响，只有家庭之间达成共识，协调教育方法，统一教育要求，才能更好地教育孩子。

4.培养孩子的毅力。

5.给孩子表达自我想法的机会。一个家庭中如果总是父母说，孩子执行，孩子很有可能会变得怯懦、不自信，因此父母要多给孩子表现的机会，让他感受到被尊重。

教育方法七：音乐才能教育法

著名教育家铃木镇一认为，音乐好比一种语言，要想让孩子掌握一种语言，就要从小让孩子学，并且越早学越能把语言掌握得像母语一样。

铃木镇一的教育理论基础有以下几个方面：

一是才能并非天赋论，只要父母用心安排，老师认真指导，每个孩子都可以学好一种才能；二是母语式教学，他认为学习音乐就和学习语言一样，只要慢慢学习，反复练习，肯定可以学好；三是教育应该从出生开始，及早学习可以给孩子提供丰富的经验；四是没有失败的教育，只有失败的教学和"老师"；五是能力滋养能力，新的能力是由旧的能力积累发展而来的。

教育方法八：和谐教育法

教育家洛克认为，孩子在儿童时期具有很强的可塑性，一旦被导向某一方向，就有可能转变一生的方向。因此，在孩子的成长过程中，家长应当给孩子提供必须且有益的教育。

其一，家长要以身作则，为孩子创造一个良好的家庭环境；其二，家长要培养孩子广泛的兴趣，让孩子认识到兴趣的重要性，进而自觉产生对各种事物的兴趣；其三，培养孩子健康的体魄；其四，

培养孩子美好的心灵，引导孩子树立远大理想；其五，培养孩子的劳动观念，提高孩子的劳动技能。

总而言之，家长要从德、智、体、美、劳各方面培养孩子，并相信孩子将来一定会有所成就。

教育方法九：自然教育法

斯特娜在得到《卡尔·威特的教育》一书后，一边按照卡尔·威特的教育方法培养自己的女儿维尼夫雷特，一边研究自己的教育方法。

在她的教育之下，维尼夫雷特3岁就会写诗歌和散文，4岁便能用世界语写剧本，5岁起她的诗歌和散文就被刊载在各种报刊上并汇集成书。

在斯特娜的教育思想中，父母对孩子的成长有着不可替代的作用。在教育孩子的过程中，父母需要做到：平等与孩子交流；培养孩子独立生活的能力；培养孩子的文学修养；通过讲故事增长孩子的知识；培养孩子的想象力；塑造孩子良好的情绪；培养孩子自尊、自信的品格。

教育方法十：后天成才教育法

塞得兹的儿子威廉·詹姆斯·塞得兹是一个少年天才，他很早就开始接受教育，3岁就会阅读和书写，11岁考入哈佛大学，15岁以优等生身份从哈佛毕业，18岁获得了哲学博士学位。因此，塞得兹的教育方法也随之名扬天下，被很多人奉为"育子圣经"。

塞得兹认为，每个孩子都是天才，在每个孩子身上都蕴藏着巨大的、不可估量的潜能。只要父母对孩子的教育方法得当，普通孩子也能有不凡成就。

　　父母的正确引导可以让孩子受益一生。在家庭教育中，父母可以这样引导孩子。

　　1. 注重全面教育。天才是全面教育的结果，父母要注重孩子左右脑的均衡开发。

　　2. 重视孩子的学习兴趣。不以别人的标准衡量孩子，根据孩子的兴趣和能力让孩子快乐地学习文化知识。

　　3. 培养孩子的责任感。从小培养孩子的责任感，让孩子明确自己的事情自己做，自己要为自己的行为后果负责。

　　4. 关注孩子的品行培养。好心态可以培养好行为，好行为可以培养好习惯，好习惯可以塑造好性格，好性格可以成就成功人生。